电力作业现场危险态势
智能感知风险管控

谢晓娜　常政威　邓元实　陈明举　王大兴　熊兴中◎著

CHINA ELECTRIC POWER PRESS

内 容 提 要

本书着重介绍电力作业现场危险态势感知与智能风险管控技术，为电力现场作业精准安全风险管控提供了辅助决策。

本书共 6 章。第 1 章概要介绍电力作业危险态势感知的现状与风险管控存在的不足。第 2 章为作业危险感知与智能风险管控技术基础，包括危险要素的感知、危险要素的量化与风险管控。第 3 章为电力作业运动目标三维场景位置感知技术，主要介绍运动目标稀疏点云重建技术、基于 UWB 与视频融合的联合定位技术。第 4 章为基于机器视觉的危险态势感知技术，主要介绍深度学习技术实现入侵检测、目标识别与行为检测。第 5 章为基于多维信息融合的作业现场风险评估与预警技术，主要对多维信息融合、现场风险评价与预警进行了详细的分析。第 6 章从硬件设计、软件开发两个方面介绍电力作业现场风险智能管控体系，并对典型的应用场景进行了介绍。

本书适用于电力安全管理领域的从业人员，为其提供实用的安全知识和技术支持，保障电力行业安全发展。

图书在版编目（CIP）数据

电力作业现场危险态势智能感知与风险管控 / 谢晓娜等著. —北京：中国电力出版社，2023.11

ISBN 978-7-5198-8194-8

Ⅰ．①电… Ⅱ．①谢… Ⅲ．①电力工业–安全生产–风险管理–研究 Ⅳ．①TM08

中国国家版本馆 CIP 数据核字（2023）第 190336 号

出版发行：中国电力出版社
地　　址：北京市东城区北京站西街 19 号（邮政编码 100005）
网　　址：http://www.cepp.sgcc.com.cn
责任编辑：罗　艳（010-63412315）
责任校对：黄　蓓　李　楠
装帧设计：张俊霞
责任印制：石　雷

印　　刷：三河市万龙印装有限公司
版　　次：2023 年 11 月第一版
印　　次：2023 年 11 月北京第一次印刷
开　　本：710 毫米×1000 毫米　16 开本
印　　张：11
字　　数：187 千字
定　　价：68.00 元

前 言 Foreword

电力是国民经济的支柱产业,同时也是一个高危的行业。在电力作业现场,安全生产是重中之重。然而,电力作业现场环境复杂,任何一个细微的差错都可能导致意外事故的发生。因此,应该加强电力作业现场危险态势感知能力,更好地管控作业风险,避免安全事故的发生。

随着传感器、人工智能、无线通信等智能信息处理技术飞速发展,运用智能信息处理技术提高电力作业现场的远程监测、危险态势的感知和应急响应能力,已成为电力安全生产研究的热点问题之一。我国已逐步运用视频监控、机器人、无人机、无线定位等技术开展设备巡视、应急指挥以及作业监控,但仍然存在以下问题:① 二维视频监控缺乏三维信息的感知能力,无法精准实现对作业安全管控;② 智能信息处理技术在电力作业现场应用不足,未针对作业场景特性建立与之相应的高效智能感知与预警方案;③ 多模态数据融合未充分考虑数据之间的相关性,造成场景信息不完整,危险态势的评估和预测能力有限。

本书旨在利用智能信息处理技术实现对电力作业现场危险态势的感知与智能风险管控。研究作业现场危险的感知、量化、管控等理论技术,动态目标的三维精细化建模,利用物联网、深度学习、无线定位等智能信息处理技术,构建基于超宽带无线定位与视觉目标识别的融合技术,实现电力作业目标实时危险态势感知,并在三维模型中实现动态重构;研究多维信息融合的电力作业危险态势预测模型,设计电力作业现场危险态势感知与智能风险防控平台,实现了危险行为的预警与危险态势的预测,并220kV变电站作业现场与安全工器具检测中心进行应用,为安全管控提供辅助决策。

本书在内容编排上从作业现场危险态势感知与智能管控技术的研究现状入手,对作业现场危险因素、多维信息融合态势感知、无线传感网络、深度学习技术以及智能信息处理技术进行系统阐述,最后详细介绍作业现场危险态势感知与智能风险管控技术在电力行业的典型应用实例。本书由成都信息工程大学谢晓娜副教授组织撰写、审阅和统稿,并完成第 4 章的编写。国网四川省电力公司电力科学研究院常政威正高级工程师参加了第 5 章的编写和资料收集,国网四川省电力公司电力科学研究院邓元实高级工程师参加了第 3 章的撰写,四川轻化工大学的陈明举副教授参与编写了第 6 章的内容，国网四川省电力公司电力科学研究院王大兴高级工程师参加了第 1 章的撰写，四川轻化工大学的熊兴中教授参加了第 2 章的编写和资料收集。此外，华雁智能科技（集团）股份有限公司吴莉娟、王浩、吴云峰等人也参与了本书资料整理的工作，在此一并向他们的辛勤付出表示感谢。特别感谢本书参考文献中列出的作者们，包括那些未能被列出的作者们，正是因为他们在各自领域中的独到见解和贡献，为我们的研究提供了丰富的创作灵感。

本书是作者基于十多年从事智能信息处理研究和电力行业工程应用的经验编写的，汇总了作者在科研和开发中积累的经验和教训。在编写过程中，作者着重培养读者理论和实践相结合的能力，并在各章节中提供大量实验，以帮助读者加深对理论知识的理解和应用。

本书得到了四川省自然科学基金资助项目（2023NSFSC1987）的资助。本书的编写和出版也得到了多位前辈和同行专家的指导、支持和鼓励，在此表示衷心的感谢。

希望本书能够成为电力安全管理领域的一本参考书，为电力行业的从业人员提供实用的安全知识和技术支持，保障电力行业安全发展。由于新技术更新速度迅猛，作者个人水平有限，书中难免存在疏漏的地方，欢迎广大读者提出宝贵的批评和指正，帮助更好地改进和完善本书。

著　者
2023 年 10 月

目　录 Contents

1 概　　述

电力作业现场危险态势智能感知与风险管控

1.1　研究的意义

安全是电力行业永恒的主题。电力企业通过长期实践和经验积累，逐渐形成了一系列较为完善的安全管理技术措施体系，有效地减少了安全事故的发生。但由于电力行业的特殊性，电力作业现场的安全形势依然严峻，电力安全事故仍时有发生。

为此，电力企业大力实施"科技保安"政策，运用物联网、大数据、人工智能等先进信息技术，提高远程监测、自动化控制和应急响应的能力。目前，国内电力企业已逐步运用视频监控、机器人、无人机、无线定位技术等科技手段，开展作业现场安全风险管控，但仍然存在以下问题：① 以二维视频图像监控为主，无法对电力作业现场全面感知，不能精准实现对电力作业安全管控；② 传感网络、物联网技术、智能信息处理等现代处理方式已在电力作业安全管控领域逐步应用，如智能穿戴设备、智能工器具以及智能视频监测技术，但各个作业环节的智能技术缺乏逻辑联系，未针对不同作业场景特性建立与之相适应的智能监控技术，作业智能化安全管控有待深入研究；③ 当前已将多维数据融合技术应用于作业安全管控，但未充分考虑作业现场多维数据之间的相关性，缺乏对作业危险态势的全面评估与预测，可能造成作业现场误操作、误碰撞、误触电等事故的发生。

我国电力企业已制定电力安全作业的规范与标准，实现了电力作业场景的安全管控。但电力作业现场安全因素复杂多变，其智能化的危险态势感知与风险管控在电力作业现场的应用不足，将智能信息处理技术有效应用于作业现场危险态势感知与安全管控是电力生产行业亟待研究的问题。

1.2　电力作业危险态势感知的风险管控的现状

作业现场危险态势感知通常是指收集作业时空环境中各种危险要素信息，通过数据融合与理解分析，实现安全风险态势预测。危险态势感知可以分为危险态势的获取、危险态势量化、危险态势的预测。

1.2.1　危险态势的获取

电力作业现场的危险态势的获取主要是对电力设备、线路、变压器等电力

2

设施的运行状况和现场人员的情况进行监测，并及时发现异常情况和安全隐患。目前，电力作业现场感知技术已经广泛应用于电力生产、输配电和供电保障等领域，成为维护电力行业安全生产和供电保障的一项重要手段。

随着信息化技术的发展，电力作业现场感知技术得到了迅速发展。电力作业现场态势的获取已经实现了远程实时监测与管理，可以通过网络化监测系统实现对电力设施的全面、实时、准确的态势获取。智能监测技术、传感器网络技术、云计算与大数据等技术的应用，使得电力作业现场态势的获取更加高效、智能化和精准化。

目前，信息化技术在电力作业现场的态势获取主要存在以下几个问题：一般从单一的维度来采集信息，不能获取系统全面的信息；即使从多个维度来采集新信息，但是没有综合考虑各种不同信息之间的关联性，从而导致收集上来的信息在融合处理的过程中存在困难；感知的智能化与实时化不足，无法对作业现场的多种危险态势实现全面感知，危险感知的延时性较大。

1.2.2　危险态势量化

目前对作业现场危险态势量化的研究较少，主要集中于静态危险态势（要素）的量化。在静态量化方面，依据现场作业风险因素具体情况，分为设备维度、材料工器具维度、方法维度、环境维度等多个维度。对人员的危险要素的量化，主要从班组与作业人员两个方面评价量化，涉及安全知识、安全技术、经验以及设备配置等多个方面。

量化的方法大多采用专家评分法，同时也包括概率权值法、粗糙集法、风险因素权重法等。

1.2.3　作业风险预测

风险预测技术是运用数学模型、历史数据、风险因素，对即将发生事情的作业风险预测的技术。基于风险因素预测方法，了解不同风险因素（如人为因素、天气、设备老化、环境变化等）的特点，以及对电力设施运行安全的影响程度，实现对作业风险预测；基于数据分析的作业风险预测方法，对电力设备的历史运行数据进行分析和挖掘，预测设备未来可能存在的运行问题，如故障频率、故障原因、故障类型等；基于数学模型的作业风险预测方法，对历史数据进行分析，建立风险预测模型，例如使用机器学习算法，建立电力设施运行的预测模型，通过对各种因素的综合分析来预测电力设备的运行状态；基于实时监测的作业风险预测方法，对电力设备的运行情况进行实时监测和分析，如果出现异常情况，则及时采取预防和控制措施，以最大限度减少电力设备的损坏，降低事故发生的概率。

电力作业风险预测技术有效避免了电力安全事故的发生，但仍然存在数据获取困难、模型不够准确、智能化不足、需要人工干预等问题。因此，需要进一步加大对电力作业风险预测技术的研发力度，提高模型预测准确性，降低数据采集难度，减少人工干预等，从而提高电力作业风险预测的精度和可信度。

1.3　电力作业现场风险管控存在的不足

电力作业涉及高压电力设备，作业环境复杂，一旦出现事故往往会带来严重的人员伤亡和财产损失，风险管控与防范一直是一个备受关注的话题。为了有效控制电力作业现场的安全风险，相关部门和电力企业采取了一系列的措施，如制定安全操作规程、配备个人防护装备、加强监督管理等。然而，在作业现场由于环境复杂、工序烦琐、危险源较多等因素，安全事故时有发生。实时掌握电力作业现场的危险态势，及时对危险态势进行识别与预测，是避免安全事故发生的有效手段。

在智能电力系统的建设过程中，监控系统更是被广泛采用。该系统可以通过云平台、物联网连接各种传感器，实时采集电力设施的实时数据，进行远程控制和管理。但对现场情况的掌握主要采用人工监测的方式，该方式智能化程度不高，无法对作业目标的位置、行为进行及时准确的感知，将人工智能技术应用于电力作业现场的监测中，具有巨大的应用价值。

1.3.1　电力作业现场危险态势感知不准

电力作业涉及高电压等危险因素，因此存在众多的危险点。电力作业工序复杂，作业人员动态性强，作业人员的位置与行为是造成安全事故的关键因素之一。当前，人工智能技术在电力作业现场监测中应用不足，无法实现对电力作业现场目标的位置、行为的准确感知。

1.3.1.1　位置感知精度不高

电力作业场景复杂，设备众多，在强烈的电磁场和辐射、噪声与振动以及雨雪等因素的影响下，作业目标位置感知精度低。常见的位置感知技术包括全球定位系统（GPS）、移动网络定位、无线局域网（WLAN）定位、蓝牙定位、射频识别（RFID）以及视觉定位等。基于不同的技术基础，各种定位技术具有各自的特点，见表 1-1。

表 1-1　　　　　　　　　　各种定位技术的优缺点

方法	优点	缺点
全球定位系统（GPS）	全球覆盖，高精度（数米范围内），速度快	室内使用限制，受大气层干扰、建筑物和其他物体遮挡、电磁干扰、天线振动等所影响，资源有限
移动网络定位	低功耗，适用于室内，定位精度在几百米到一千米之间	定位精度受到基站密度的影响，延时较高，受到地形和建筑物等遮挡的影响
无线局域网（WLAN）定位	室内精度高，可靠性高，成本低廉，适用范围广	地理局限性，无法应对可变环境，隐私问题
蓝牙定位	高精度，相对稳定，省电，适用于室内	需要硬件支持，受到环境影响，覆盖范围较小且定位速度较慢
射频识别（RFID）	高效可靠，适用范围广，可以解决一些特殊定位问题	包容性有限，受到标签信号限制，投入成本高，存在安全性问题
视觉定位	实时性强，不需要依赖任何外部设备，适用于室内和室外等各种不同的环境	对光照和环境要求高，对硬件要求高，容易受到遮挡干扰

当前，在电力作业现场的位置感知中，主要采用无线定位技术。由于电力作业环境（如变电站）遮挡严重，以及天气等因素的影响，位置感知的精度通常较差，甚至存在位置信息缺失等情况。基于机器视觉的定位技术运算量大、投入成本较大等缺点，其应用场景受限。针对电力作业场景的特殊性，建立高效、高精度的定位方案，已成为当前研究的热点问题。

1.3.1.2　现场感知智能化不足

当前，电力作业现场的监控主要利用无线网络与传感器技术实现对电力作业现场全面监测和管理，提高作业效率和安全性。例如，在电力作业现场安装摄像头，实时监控作业人员的工作情况和作业现场的安全状况；在电力设备和作业现场安装传感器，检测设备状况和作业环境参数；无人机通过搭载多种传感器和摄像头，对电力设备和作业现场进行全方位、高效、高清、高精度、高灵活度的监测和巡检，降低作业风险，提高作业效率和安全性。

此外，人工智能技术已逐步应用于电力作业现场的监控和管理中。例如，利用深度学习算法，对作业现场的人员和设备进行识别和分析，判断是否存在安全隐患，并及时进行预警和处理。同时，结合物联网技术，实现设备间的数据共享和互联互通，提高作业效率和可靠性。采用虚拟现实技术或增强现实技术，对电力设备和作业现场进行模拟和可视化，帮助作业人员更好地理解和熟悉作业现场环境，减少操作风险和错误。

智能技术应用已开始应用于电力作业现场的监控，但仍然存在以下的不足：① 智能设备应用不足，智能算法有待进一步优化；② 数据整合和交互不足，电力作业现场的监测数据来源广泛，需要整合不同来源的数据，以便对电力设备和作业现场进行全面分析和优化；③ 智能技术应用场景有限，对于一些特殊或危险的作业场景，由于安全和技术问题，还无法应用智能技术进行实时监测和控制，仍需要使用人工操作和传统监测方法；④ 智能算法精确的实时性有待提高，尽管人工智能技术可以进行自我学习和优化，但仍然存在算法不够精确、运算量大的问题。

1.3.2 风险管控智能化不高

当前，为了有效地控制作业风险，通常采用严格的工作流程和标准操作程序、安全培训、合理的责任制度和奖惩措施、外部环境的评估和控制来进行管理和防范作业，以降低风险。

随着人工智能技术的进步，数据分析、物联网技术、机器视觉技术、智能安全设备以及虚拟培训等新技术，已经开始在作业现场风险管理中得到广泛应用，显著提高了作业风险的管理能力。虽然以上数字化技术已开始应用于作业风险管控中，但其智能化水平不高，作业现场缺乏智能化监测设备，监测数据智能能力有限，从而无法有效地实现对作业现场监控风险识别、作业评估、风险预警。

2 作业危险感知与智能风险管控技术基础

2.1 作业危险要素感知技术

2.1.1 作业现场危险态势的种类与特点

按照国家企业职工伤亡事故标准，我国将职业伤害事故分成 20 类，主要有物体打击、车辆伤害、机械伤害、起重伤害、触电、淹溺、灼烫、火灾、高处坠落、坍塌、冒顶片帮、透水、放炮、火药爆炸、瓦斯爆炸、锅炉爆炸、容器爆炸、其他爆炸、中毒和窒息，以及其他伤害。其中，高处坠落、物体打击、触电、机械伤害、坍塌是工程施工项目安全生产事故的主要风险源。

危险源可分为六大类，即物理性危险源，化学性危险源，生物性危险源，心理、生理性危险源，行为性危险源，以及其他危险源等。

在现实的生产场景中，有很多因素会影响生产作业的风险，包括静态因素和动态因素。因此，我们需要科学地评估风险系统，分析各种风险因素的构成和相互之间的关系，同时还要分析环境和风险因素的组合情况，以实现作业风险的动态评估与可视化展示。

传统的作业风险因素评估是基于现场作业的每个环节和步骤，根据专家或作业人员的经验，统计以往事故的原因，并根据风险发生的可能性、频率和后果来确定风险值和评估风险等级。这是一种主客观相结合、定性和定量相结合的过程。然而，这种评估方法只能评估静态风险，而未考虑到作业现场中的动态因素，因此该方法具有一定的局限性。本书将从静态因素和动态因素两个方面对作业现场的危险态势进行评估和预警。

2.1.1.1 静态危险因素

生产场景非常复杂，生产安全、设备安全以及人身安全的风险较大。造成生产安全事故的静态危险因素很多，一般以作业人员风险、环境风险、管理风险、设备工具风险为主，如图 2-1 所示。

图 2-1 主要静态危险因素

（1）作业人员风险。作业人员的风险是指参与生产作业的人员造成的潜在危险。这种风险通常由以下因素引起：作业过程中的违章行为、习惯性的违章行为、缺乏工作经验、工作效率低下、专业技能水平低下或资质不达标、责任心不强、疲劳、疾病、身体不适、作业现场他人疏忽导致的伤害以及身体和心理素质较弱等。

（2）环境风险。自然环境风险是生产过程中一项不可控的风险。例如糟糕的气候条件极易增大生产作业安全风险的发生概率。通常气候条件较差指超高温、狂风、大雾、打雷、雨夹雪等。当生产作业在这类环境下开展时，风险大大增大。作业人员的安全直接受现场作业环境的影响，其中包括照明问题：如果现场照明不足，则许多在带电室内或夜间的工作安全系数都将大大降低。例如，在现场光线较暗情况下，作业人员可能无法看清带电间隔，从而发生走错间隔或误碰带电间隔等危险。

（3）管理风险。实施安全风险管理的关键在于制订和执行安全管控措施。安全管控措施的制定要考虑领导职责、生产指挥要素、安全管理责任等因素。领导职责包括执行安全责任管理清单、贯彻管理职责到各个安全生产岗位、配置安全监督部门及安全监督人员、为安全生产管理提供足够资金、制订安全生产计划、建立员工违章计分档案等。生产指挥要素包括审查作业人员安全资质、考虑作业人员岗位及技术能力、准许安全措施或工作安排有变、及时处理质疑、及时出台相应措施以确保其正常运转等。安全管理责任包括定期安全检查、安排整改安全隐患、管理人员参加指导等。

（4）设备工具风险。设备工具风险主要包括设备安全隐患、安全工器具与检修工器具的安全隐患。设备安全隐患主要包括检修设备本身与安全标识是否规范，例如，柜门无法正常关合、攀登设备构架无法正常使用、所使用的支撑物或者梯子损坏造成作业人员掉落等。安全工器具的安全隐患包括绝缘挡板不干燥、绝缘手套破损、绝缘靴不符合规范、安全帽未通过检验等。检修工器具的安全隐患包括暴露在空气中带电部分未使用绝缘胶布正确包扎、未使用安全防护罩、现场作业使用的软梯和脚手架存在安全隐患、牢固性不足等。

2.1.1.2 动态危险因素

人的行为会直接或者间接导致安全事故发生。美国安全管理大师海因里希通过对大量安全事故进行调查和分析，人的不安全行为导致的安全事故占比约88%，因为物和环境的不稳定状态引发的安全事故占比约为10%，而剩余的2%

是一些不可预测的因素导致。可见，人员的不安全行为是引发安全事故的决定性因素。

通常，现场工作人员存在诸多不安全行为，主要是由于以下两大方面：一方面，工作人员因自身的经验、知识和劳动技能的不足，未能意识到施工现场的安全隐患，从而违反安全生产操作规程，做出不安全的行为；另一方面，工作人员拥有识别施工现场安全风险的能力，但错误地估计了安全风险的严重性或安全风险发生的可能性，无意地做出一些不安全行为，从而导致了事故的发生。

动态危险因素的确定比较困难，采用 5M 安全理论从人员（man）、机械（machine）、材料（material）、方法（management）与环境（medium）对具体的作业确定多维动态危险因素。例如，220（500）kV 避雷器检修涉及高处作业人员、高处升降车、高处的工器具、试验电压等多个风险点。

电力生产企业相应的规程对作业都有明确的规定，同时也指出不同电力作业的危险要素。例如，规定了工作人员与机械离带电体的安全距离见表 2-1，作业人员或机械器具与带电线路风险控制值见表 2-2。

表 2-1　车辆（包括装载物）外廓至无遮拦带电部分之间的安全距离

电压等级（kV）	安全距离（m）	电压等级（kV）	安全距离（m）
10	0.95	500	4.55
20	1.05	750	6.70[2]
35	1.15	1000	8.25
63（66）	1.40	±50 及以下	1.65
110	1.65（1.75）[1]	±500	5.60
220	2.55	±660	8.00
330	3.25	±800	9.00

① 括号内数字为 110kV 中性点不接地系统所使用。

② 750kV 数据是按海拔 2000m 校正的，其他等级数据是按海拔 1000m 校正的。

表 2-2　　　作业人员或机械器具与带电线路风险控制值

电压等级（kV）	控制值（m）	电压等级（kV）	控制值（m）
≤10	4.0	±50 及以下	6.5
20～35	5.5	±400	11.0
66～110	6.5	±500	13.0

电压等级（kV）	控制值（m）	电压等级（kV）	控制值（m）
220	8.0	±660	15.5
330	9.0	±800	17.0
500	11.0		
750	14.5		
1000	17.0		

注　1. 表中未列电压等级按高一档电压等级安全距离执行。

　　2. 750kV 数据是按海拔 2000m 校正的，其他等级数据是按海拔 1000m 校正的。

2.1.1.3　危险因素与安全事故的联系

事故的原因和结果之间存在着某种规律，事故导致的原因可以分为直接原因和间接原因。

直接原因为造成事故的最近的原因，包括人员、材料、设备等。二次原因不直接引起事故，例如管理体系、规章制度和人员的心理。基础原因是导致间接原因更深层次的原因，例如环境、社会或企业文化因素。事故和风险因子的因果继承关系如图 2−2 所示。

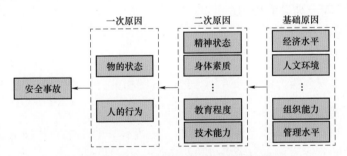

图 2−2　事故和风险因子的因果继承关系

根据因素分析，对人身事故和生产安全事故的致因因素采用相关性分析。采用皮尔森相关系数法分析，0～0.19 为没有相关性，0.20～0.49 为弱相关，0.5～0.79 为中等相关，0.80～1.0 为强相关。所以，通过风险评估、风险管控来预防事故必须从直接原因追溯到基础原因，通过追溯基础原因来预防事故，控制危险源，并加强安全管理。

2.1.1.4　5M 安全理论建立电力作业风险关键因子

总结分析电力企业各类人身事故原因分类和各专业班组的工作经验，通过对人身风险影响因素进行识别，结合质量控制管理"人机料法环"理论，采用层次分析法建立电力作业中人身安全风险 5M 安全理论关键因子脉络如图 2-3 所示。

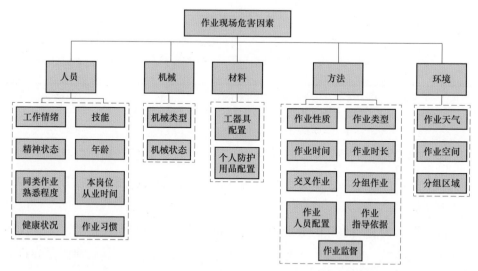

图 2-3　人身安全风险 5M 安全理论关键因子脉络图

2.1.2　班组危险要素的感知

2.1.2.1　电力作业人员安全能力的评价

目前关于安全能力的划分并不一致，查阅相关文献并结合电力作业的特点，确定安全技能、安全态度、安全管理、安全行为、安全知识、危机反应、心理状态、安全知识等作为安全能力评价的主要内容。对于电力作业人员安全能力的评价，主要是在确定评价的主要内容的基础上，采用问卷调查的方式对访谈之后确定的影响因素进行再次确认。

问卷调查可采用李克特 5 级量表的方式进行打分，其中，5 对应非常重要，4 对应重要，3 对应比较重要，2 对应一般重要，1 对应不太重要。问卷调查的对象必须是在施工、施工现场管理、安全管理方面有丰富实践经验的电力作业或安全管理人员。根据 SPSS 分析得到的结果对施工人员安全能力影响因素重要性程度打分，打分表见表 2-3。根据问卷结果的分析，可能的因素平均得分均大于 3.5，因此所选因素都可作为关键性因素。

表2-3   描述性统计分析表变量

变量	分析数	平均值	标准差
安全意识水平			
责任意识			
疲劳状况			
不安全心理水平			
注意力水平			
技能素质			
安全监管水平			
安全教育强度			
安全巡查力度			
规章执行力度			
施工作业计划强度			
施工环境嘈杂程度			
施工环境可见度			
安全防护水平			
现场气候状况			
施工安全操作空间			
现场文明施工情况			
现场设备带电情况			
施工高度			

2.1.2.2 班组安全能力的评价

班组风险评估模块输入内容为班组风险评估选项，主要从生产装备的配置数量、配置质量、装备保养、使用规范、库房管理等多个方面进行，根据专家打分法，确定各方面的权重。评估的结果采用报告表的方式呈现，见表2-4。

表2-4   班组风险评估报告表

概况	单位		班组名称	
	班长		班组人数	人
	班组类型			

续表

	因素	权重分	评估分
评估情况	人员素质		
	班组管理		
	设备状况		
	生产装备		
评估结论	该班组风险等级为____级		

2.1.3 作业现场危险态势感知

2.1.3.1 作业现场危险态势感知技术

电力作业危险感知是指在即将或正在进行作业时，对潜在危险的敏锐感知，并采取相应措施来预防和避免事故的发生。在进行电力作业时，由于工作环境的复杂多变和设备的特殊性质，作业现场风险的感知是一个复杂的过程。

电力作业风险值计算模型通常考虑作业的各种因素，例如作业的复杂性、作业的重要性、参与人员的资质和经验、环境因素、时间因素等。通过对这些因素进行综合考虑，可以得出作业的风险值，并根据不同的风险等级来采取相应的安全防护措施，以保障作业的安全性和有效性。典型作业风险值计算模型主要分串联结构模型（图 2-4）、并联结构模型（图2-5）与故障树二元风险值计算。

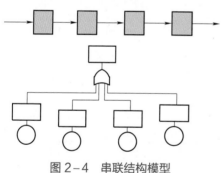

图 2-4 串联结构模型

1. 串联结构模型风险值计算

串联结构的可靠性 $R_s(t)$ 为

$$R_s(t) = R_1(t)R_2(t)R_3(t)\cdots R_i(t)\cdots R_n(t) \qquad (2-1)$$

式中：$R_i(t)$ $(i=1, 2, 3, \cdots, n)$ 为各个子模型的可靠性。

串联结构的故障率（风险概率）$F(t)$ 为

$$F(t) = 1 - R(t) \qquad (2-2)$$

$$F_s(t) = 1 - [1 - F_1(t)][1 - F_2(t)]\cdots[1 - F_i(t)]\cdots[1 - F_n(t)] \qquad (2-3)$$

式中：$F_i(t)$ $(i=1, 2, 3, \cdots, n)$ 为各个子模型的故障率。

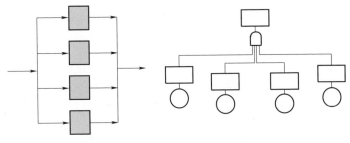

图 2-5　并联结构模型

2. 并联结构模型风险值计算

可靠性为

$$R_s(t) = 1 - \prod_{i=1}^{n}[1 - R_i(t)] \tag{2-4}$$

故障率（风险概率）为

$$F_s(t) = \prod_{i=1}^{n}[1 - F_i(t)] \tag{2-5}$$

3. 故障树二元风险值计算

底事件风险概率分值根据风险值的可能性，计算出可能分值，然后根据表 2-5 换算对应风险发生概率 P，在此基础上计算风险概率均值。

表2-5　　　　　　　　　　　经 验 值 换 算 值

可能性分值	1	2	3	4	5
文字描述	一般情况下不会发生	极少情况下才发生	某些情况下发生	较多情况下发生	常常会发生
风险概率	0.05	0.07	0.120	0.5	1

风险严重性分值则采用木桶原理，对于同一风险项，取对应底事件风险严重性的最大值，即

$$D_{risk} = \max(D_1, D_2, \cdots, D_n) \tag{2-6}$$

故障树分析得到的作业风险值 $E_{FT,risk}$ 为

$$E_{FT,risk} = P_{risk} \times D_{risk} \tag{2-7}$$

2.1.3.2　电力作业现场常见的高危作业

作业风险根据不同类型工作可预见安全风险的可能性、后果严重程度，按就高原则从高到低分为一到五级，制订的典型生产作业风险定级库涉及变电作业各个所属专业，包括变电检修、变电带电作业、输电检修作业、输电电缆作

业、输电线路跨越作业、配电带电作业、配电（低压）施工作业、配电检修作业、通信作业等。该规定涉及的高危作业众多，这里不再一一列出。

2.2 作业现场危险要素的量化技术

2.2.1 作业现场静态危险要素的量化技术

电力作业现场主要包括输电和变电两个作业场景，这里依据电力作业现场风险因素分析实现对静态危险要素的分析。

1. 设备维度

在施工作业现场中，静态安全问题主要源于设备和施工机械的缺陷。这些缺陷因素包括设备类型、设备质量缺陷和施工机械缺陷等。相应的研究表明，设备质量缺陷和施工机械缺陷是最主要的影响因素。为了确保工作场所的安全，需要将不同因素和其分级量化准则进行详细分类。在生产中，配电专业是发生安全事件最多的领域之一，输电专业是发生电网事故最频繁的领域之一，而变电专业则是发生设备事故最多的领域之一。因此，建议将同一地点或线路发生事故的影响程度进行分类处理。

输电架空线路设备类型包括杆塔、绝缘子、导线和避雷器等；输电电缆设备类型包括电缆本体和电缆头；变电一次设备类型包括变压器、电抗器、电流互感器、电压互感器、隔离开关、断路器、避雷器和电容器等；变电二次设备类型包括主变压器保护、电抗器保护、线路保护、母线保护、安全自动装置、故障滤波器和自动化系统等；配电设备类型包括配电变压器、端子箱、柱上开关、避雷器、导线和开关箱等。由于各种设备的价值和重要性不同，因此建议根据各专业设备的特点和重要性进行分类量化。

2. 方法维度

作业方法维度主要包括作业方式、作业性质和作业依据。在典型事故（事件）数据挖掘中，作业方式是主要影响因素。作业方式包括带电作业、停电作业、高空作业和交叉作业等。根据事故及违章原因分析，带电作业易发生触电风险，而高空作业可能存在坠落风险。因此，建议按照作业方式等级量化。

3. 环境维度

作业环境维度主要包括作业天气和作业地段。根据典型事故数据挖掘的结果，作业地段是重要的影响因素，而天气是主要的影响因素，其中雷雨、暴雨和大风是导致设备故障的主要天气因素。结合气象分级,将天气分为黄色及以上高温或寒冷预警、黄色及以上暴雨预警、黄色及以上大雾预警,以及黄色及以上大风预警。同时,将作业地段分为山顶、跨越公路、跨越河流、跨越池塘、跨越水库、高秆植物旁、外部施工(邻近带电线路或带电设备)七类,对环境维度进行综合量化。

2.2.2 人身风险量化技术

每次作业前,人身安全危害和风险都是未知,需要建立数学模型,通过公式计算预测作业中的人身危害后果值。人身安全危害性数学模型公式将对人身危害后果进行量化计算,对 5M 安全理论中涉及影响因素的风险概率值和风险危害值进行计算。此处建立供电作业中人身危害因素的统计模型,计算公式如下

$$R = H_{\max} \times P \qquad\qquad (2-8)$$

式中:R 为人身风险值(一项工作同时引发两个及以上等级的人身风险时,风险评估结果取其最高等级风险);$H_{\max}$ 为最高等级风险;P 为风险概率值(即各种影响因素取值的乘积)。

$$P = P_1 P_2 P_3 \cdots P_{25} \qquad\qquad (2-9)$$

式中:P_1、P_2、P_3、$\cdots$、P_{25} 为各项风险因素对应概率。

人身安全风险量化模型根据风险值建立人身安全危害性矩阵,设定 5 个风险级别:

(1)Ⅰ级风险(红色):考虑放弃、停止;

(2)Ⅱ级风险(橙色):需要立即采取纠正措施;

(3)Ⅲ级风险(黄色):需要立即采取纠正措施;

(4)Ⅳ级风险(蓝色):需要进行关注;

(5)Ⅴ级风险(绿色):容忍。

2.2.3 基于事件概率的高危作业权值的计算

1. 现场作业风险概率定量分析

风险概率包括客观概率与主观概率。其中客观概率需要利用大量试验和统计数据进行估算,主观概率需要依据有关专家或利用专家系统对风险概率进行合理估计。本书将运用模糊数学与德尔菲法的专家赋值相结合的方法,利用模

糊数学理论将主观概率模糊化、定量化。

导致风险关键事件（CE）的基本事件（BE）发生原因复杂，而且可能性也很小，很难确定其发生概率的准确值，这使得传统的回转波（bow-tie）分析方法很难用传统数学模型或公式对现场作业风险中不确定的因素进行分析计算。模糊理论是处理上述问题的最佳工具，它能解决概率理论难以解决的问题。对于那些得不到发生概率精确值的底事件，可以通过模糊数对故障发生概率进行模糊处理，并构建模糊隶属函数，这样不仅能更贴切地反映基本事件的发生概率的实际情况，也可以减少表达的误差。

基于模糊 Bow-tie 的风险概率定量评价流程如下。

（1）专家描述语言模糊化及聚合。在专家评分过程中，每个专家根据各自经验来判断不同事件的风险等级，所以对不同专家的评价结果，还需要进行模糊概率的合并以及专家权重的分配。对于模糊数的聚合，最常用的是加权平均数法，即

$$P_i = \frac{\sum_{i=1}^{m} W_j P_{i,j}}{\sum_{i=1}^{m} W_j} \quad i = 1, 2, 3, \cdots, n \tag{2-10}$$

式中：P_i 为事件的聚合后的模糊总数；W_j 为专家 j 的权重因子；$P_{i,j}$ 为专家 j 对事件 i 的模糊评分；n 为基本事件总数；m 为专家总数。

（2）模糊数模糊概率化。由于基本事件发生的可能性与故障树分析结果都以模糊数表示，因此，需要将两者转化为统一的模糊概率。本书采用最大最小集合的方法，公式如下

$$F_M = (F_{MR} + 1 - F_{ML}) / 2 \tag{2-11}$$

式中：F_M 为模糊数 M 的模糊概率；F_{MR} 为模糊数 M 的右模糊概率；F_{ML} 为模糊数 M 的左模糊概率。

$$F_{MR} = \sup_x [f_M(x) \wedge f_{max}(x)] \tag{2-12}$$

$$F_{ML} = \sup_x [f_M(x) \wedge f_{min}(x)] \tag{2-13}$$

$$f_{max}(x) = \begin{cases} x & 0 \leq x \leq 1 \\ 0 & \text{其他} \end{cases} \tag{2-14}$$

$$f_{min}(x) = \begin{cases} 1-x & 0 \leq x \leq 1 \\ 0 & \text{其他} \end{cases} \tag{2-15}$$

式中：$f_{\max}(x)$ 为最大模糊集；$f_{\min}(x)$ 为最小模糊集；$f_{M}(x)$ 为整合专家意见后的模糊集。

（3）模糊概率转化为失效概率。事件的概率包括真实概率与模糊概率，为了保证所有事件的真实概率和模糊概率之间的一致性，还需要将模糊可能值转化为模糊失效概率（fuzzy failure），转换公式为

$$F = \begin{cases} \dfrac{1}{10^{k}} & F_{M} \neq 0 \\ 0 & F_{M} = 0 \end{cases} \qquad (2-16)$$

其中 $$k = [(1-F_{M}) / F_{M}]^{1/3} \times 2.301$$

式中：F 为失效概率；F_{M} 为模糊概率。

2. 风险值的计算及风险评价

通过对风险的计算，可以将风险结果量化，结果更加精确，便于实现动态管理和风险值的跟踪与评估。将风险表述为风险发生的概率与后果的乘积，该方法得到普遍认同，使用最为广泛，公式如下

$$R = P \times S \qquad (2-17)$$

式中：R 为风险值；P 为故障概率；S 为故障的影响程度。

现代安全风险分析通常从"人、机、环"三个方面进行风险评估，但由于环境因素复杂，恶劣环境会导致不同事故后果，因此未在风险评估中考虑环境因素的影响。作业环境是现场作业事故发生的重要原因之一。安全环境可以减少人员伤害，即使有人为失误也可以减小伤害，而在危险环境中，人为失误则可能导致事故发生并扩大伤害。为了更准确地表述数字化现场作业风险情况，本书基于实践概率的风险值计算公式为

$$R = P \times S \times (1+\varepsilon) \qquad (2-18)$$

其中，根据作业的环境不同，ε 对环境因素修正取值。

2.2.4 基于粗糙集的班组要素权值的计算

粗糙集（rough set）理论是处理不精确、不确定、不完备信息的数学工具。该理论在知识约简和属性分类方面效果很好，可以对数据库中的批量客观数据进行区分和识别，尤其是在缺乏先验知识时，对模糊或不确定的数据进行相应的分析和处理，快速地获取知识规则，它被成功地应用到了模式识别、机器学习、知识获取、数据挖掘等许多领域。

在粗糙集理论中，研究的对象是数据表形式的信息，这种数据表通常被称

为知识表达系统或是信息系统，其定义如下

$$S = (U, A, V, f) \tag{2-19}$$

式中：U 为有限对象的非空集合；A 为有限的属性非空集合；V 为属性的值域集合；f 为一个映射函数。

对于任意给定的对象 x，它的属性 a 值是 $f(x,a)$。属性集合 A 又分为条件属性集合 C 和决策属性集合 D，$C \cup D = A$，$C \cap D = \varnothing$。

对于任意一个集合 X，元素 x 与集合 X 之间有几种关系：属于集合、不属于集合、可能属于也可能不属于集合。设 $X \subseteq U$，R 为论域 U 的一个等价划分，X 是 R 上可定义的，当且仅当 X 是 R 的某个等价类，否则 X 不能称为 R 可定义的。若 R 是可定义的就称 R 是精确集，反之，称 R 是粗糙集。粗糙集是通过上近似和下近似所确定的边界区域来定义的。

粗糙集的上近似和下近似可定义如下：

已知 U 为论域，R 是对 U 的一种划分，$\dfrac{U}{R} = \{x_1, x_2, \cdots, x_n\}$，$\forall X \subseteq U$，$B \subseteq A$，$X$ 对于 B 的下近似 $B_-(X)$ 可定义为 X 所包含的关于 B 的所有等价类的并集，也就是按照 B 的划分中可以确定划分在 X 中的集合的最大集。

$$B_-(X) = \bigcup\{[x]_B \mid [x]_B \subseteq X\}$$
$$B_-(X) = \{x \in U \mid [x]_B \subseteq X\} \tag{2-20}$$

X 对于 B 的上近似 $B^-(X)$ 可定义为与 X 交集非空的关于 B 的所有等价类的并集，即按照 B 的划分中与 X 相交不为空的集合的最小集。

$$B^-(X) = \bigcup\{[x]_B \mid [x]_B \bigcap X \neq \varnothing\}$$
$$B^-(X) = \{x \in U \mid [x]_B \bigcap X \neq \varnothing\} \tag{2-21}$$

设 $X \subseteq U, B \subseteq A$，由对象 X 关于 B 的边界区域的定义为

$$BN_B(X) = B^-(X) - B_-(X) \tag{2-22}$$

若 $BN_B(X) \neq \varnothing$，则称 $BN_B(X)$ 是对象 X 关于属性集 B 的粗糙集。X 关于知识 B 的下近似也称为 X 的 B 正域，记为 $POS_R(X)$。X 的 B 的负域记为：$NEG_R(X) = U - B^-(X)$。粗糙集的上下近似和边界域的示意图如图 2-6 所示。

粗糙集理论认为，如果集合是精确的，则不存在边界域。集合的边界域越大，它的精确性越小。因此，粗糙集引入了近似精度来刻画这一点。

设集合 $X \neq \varnothing$ 且是论域 U 上的关于 B 的粗糙集，定义 X 关于 B 的近似精度为

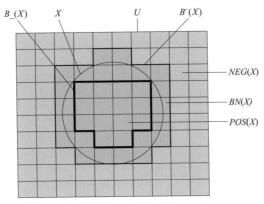

图 2-6　粗糙集的上下近似和边界域的示意图

$$\alpha B^{(X)} = \frac{\left| B\_(X) \right|}{\left| B^-(X) \right|} \tag{2-23}$$

粗糙度为

$$\beta_B(X) = 1 - \alpha_B(x) \tag{2-24}$$

从式（2-23）和式（2-24）可以看出，$0 < \alpha_B(x) < 1$。当 $\alpha_B(x) = 1$ 时，表示不存在边界域，也就是集合 X 可以由关系 R 精确表示；当 $\alpha_B(x) < 1$ 时，表示存在边界域，集合 X 不可以由关系 R 精确表示。$\alpha_B(x)$ 表明在知识 B 下，集合 X 能够被了解的程度，而 $\beta_B(x)$ 表明在知识 B 下，集合 X 能够被了解的不完全程度。

知识约简是粗糙集理论的核心，也是粗糙集应用到入侵检测技术的主要方面。一般而言，在知识库中的知识并不都是同等重要的，有些知识是冗余的。所谓知识约简，就是在保持对信息系统的分类能力不变的情况下，删除冗余知识。这样就可以减少属性维度，得到相对最小约简，从中提取规则。

对决策表而言，不是每个属性都具有研究价值或同等重要性。未经处理的大量属性会影响规则提取效率，离散化可以处理离散数据，对连续性和不符合条件的属性进行离散化，可使用模糊均值、基于熵的离散化、Seminaive 离散化、布尔离散化等算法。属性离散化后进行属性削减，删除冗余和重复，进行一致性检查，以保证正常预期。属性约简的方法有启发式约简、分明矩阵约简、基于属性重要度的约简，在本书中选择基于分明矩阵的约简，下面介绍分明矩阵约简的算法。

输入：信息系统决策表 $S = (U, V, A, f)$，$U = (u_1, u_2, \cdots, u_n)$，其中 n 是 U 中元素的个数。

输出：core(A) 是约简核，相对最小约简 red(A)。

第一步：构造分明矩阵，m_{ij} 表示矩阵 M 的 i 行 j 列。其中的元素 $m_{ij} = \{a \in A \mid f_a[u_i \neq f_a(u_j)]\}$。

第二步：约简核。core $(A) = \{a \in A \mid m_{ij} = \{a\}\}, i, j = 1, 2, \cdots, n$ 在分明矩阵中，由单一属性的元素的集合。

第三步：求出相对最小约简。对于与 core(A) 交集为空的集合进行析取。

2.2.5 电力作业现场风险量化模型

采用单一方法对综合电力作业现场风险量化存在量化不准的问题。通常，综合电力作业现场风险量化采用多种方法进行组合，以对不同因素的权重进行综合分析。在实际电力作业中，风险指标的权重受施工环境、任务、工作人员身体状况等因素的影响，而这些因素的权重应该是动态变化，以适应作业现场因素的变化。

对于综合电力作业现场，采用分层分布作业模型，如图 2-7 所示。

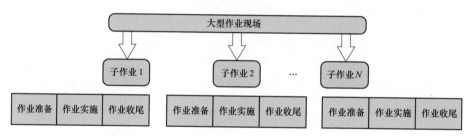

图 2-7　综合作业分层分布模型

根据安全评价管理原理与原则给出综合作业风险值计算模型如下

$$E = \max F(X, R, C) \tag{2-25}$$

式中：E 为系统风险指标；F 为综合量化函数；X 为系统组成要素；R 为相关函数；C 为分布形式。

对于可以分解为若干完全独立的子作业的综合作业，应分析不同作业间的相互影响因素。

若 m 个子作业中，存在 P 个相互关联（不独立）的子作业，则其风险值为各子作业风险值之和再加上反映相互影响的相关因子（修正函数），相关因子需要从子作业间相关因子表查询，计算公式如下

$$E_{G,\text{riske}} = \sum_{m=1}^{M} E_{m,\text{risk}} + \sum_{p=1}^{P} E_{p,\text{risk}} \tag{2-26}$$

式中：m 为第 m 个子作业；P 为相关子作业数。

2.3 作业现场危险管控技术

2.3.1 作业现场危险管理原理

本书将作业现场危险管理定义为通过不断的危险识别和风险控制，将可能造成作业现场人员伤害和财产损失的风险消除或降低到人们可以接受的范围内。作业现场危险存在于各种活动之前与进行环节中，提前识别作业过程中可能涉及的危险因素，对其进行风险评价并制订控制措施，以达到减少或防止事故发生的目的。

电力作业现场安全管理从不同的角度可以分为安全系统管理方法、事故致因管理方法、事故预防管理方法。

（1）安全系统管理方法。安全系统观点认为，本质化安全的最终道路是预防。安全管理既要做到控制事故系统四要素（如图 2-8 所示），也要做到协调安全系统四要素的关系（如图 2-9 所示）。优化安全管理系统不仅要考虑单个要素，更要考虑要素间的整体关系。

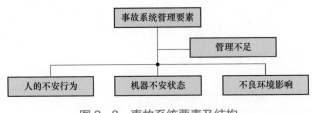

图 2-8 事故系统要素及结构

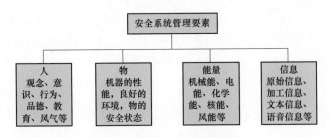

图 2-9 安全系统要素及结构

安全生产的保障通过事故预防来落实。事故预防涉及事故系统的四要素，也称"4M"要素，分别为人（men）、机（machine）、环境（medium）、管理

（management）。四要素中人和机被认为是导致事故发生的直接原因，环境为事故的发生提供载体，而管理因影响其他的三个要素被认为是导致事故发生的最主要因素。

（2）事故致因管理方法。事故致因理论被视为指导事故预防工作的基础，它是一种用于识别、分析和控制事故及其影响的方法，旨在预防事故的发生并保证生产、安全和环境的可持续性。该方法认为物体能量的异常传输导致事故。事故发生原因多种多样，不能简单地用"违章"这样的表面原因来解释，需要通过深入思考这种表面原因的根源跟踪事故发生的根本原因。人类行为和物体状态都是在环境的基础上产生的，环境因素可能会干扰人类行为和物体状态，管理对于人、物、环境都有影响，因此管理是控制事故的关键。

（3）事故预防管理方法。事故预防的工作原理认为，任何意外事故从理论上和客观上都是可以通过预防来阻止的。因此，这里需要寻找更多的预防手段来最大程度地减少事故带来的损失。偶然损失原则认为，事故的发生、发生的后果及严重度都是随机的，但预防一定是阻止事故发生的最终道路。

因果关系原则，指事故的发生是多种因素相互作用的最终结果，只要造成事故的因素存在，就不可避免地会发生事故，所以这里要重视事故的致因。3E原则针对人的不安全行为和物的不安全状态产生的原因，包括工程技术（engineering）对策、教育（education）对策和法制（enforcement）对策。

2.3.2　电力作业现场风险评估

除了对安全生产过程中的风险因素进行辨识，还应运用正确有效的方法预估每个风险因素发生的可能性。针对电力生产作业，风险评价的关键在于：① 判定作业过程中事故发生的概率；② 计算事故对供电企业带来的影响，风险评价是对风险管理的效果进行检验，对下一阶段针对性整改措施的提出具有较大意义；③ 建立应急预案，使事故的危害降至最低。本节将从危险源的辨识、人身风险评估、作业风险评估三个方面进行讨论。

作业风险评价以基础数据为依据，对不同作业过程中的潜在危险因素进行客观、全面、系统的评估，风险评价分为定性评价、定量评价和半定量评价三种。

（1）定性分析方法。定性分析是一种常用的风险评估方法，它会受到评估人的专业水平、个人经验和社会经济发展水平的限制。现在被广泛应用的方法包括德尔菲法、专家调查法、矩阵法和"2分钟思考"法等。定性分析法主要是通过估算伤害的可能性和严重程度来对风险进行分级，见表 2-6。

表 2-6   风 险 评 价 表

可能性	轻微伤害	伤害	严重伤害
极不可能	可忽略风险	较大风险	中度风险
不可能	较大风险	中度风险	重大风险
可能	中度风险	重大风险	巨大风险

定性分析的缺点在于它过于强调风险事件发生时带来的负面影响，而忽略了其他可能增加风险事件发生概率的因素。风险评估的方法是基于对系统中威胁、缺陷和管控策略等的等级判断。当定性分析难以用具体数值表示时，通常采用分级来表示。但在实际运用中，人工期望值有时难以准确区分每个风险因素的影响程度，这使得定性分析法得出的结论往往全面、深入，但可能缺乏客观性。

（2）定量分析方法。定量分析是指将研究领域的相关数据运用数学计算方法来展开计算和分析的过程。虽然过程烦琐，计算量大，但是当数据库足够强大时，准确度会较高。常见的定量评价方法包括风险指数评估法与模糊综合评价法。其中风险指数评估法较实用，能给出更为详尽的结果，全面展现生产现场职业危害因素的综合体系。不过该方法不适用于短期的职业危害影响，需要长期追踪观察，故不适用于所有行业。模糊综合评价法主要依据数学的隶属度理论将定性评价转换为定量评价，其内核是模糊数学，该方法具有较好的综合性、合理性、科学性，并客观地对作业现场的风险因素做出总体评价。

（3）定性、定量相结合分析法。层次分析法是一种将定性分析和定量分析相结合的方法，通过系统化、层次化地分析所有因素，得到各种风险因素的重要度序列。它充分利用了定性分析方法和定量分析方法的优点，使评价结果更有实操性。在实际应用中，定性分析和定量分析相辅相成，不能分开使用。对于作业现场风险因素的定量分析，必须依据定性预测结果进行，以提高风险评估的可信度。因此，通常将定性和定量分析组合应用来进行风险评估。

2.3.2.1 危险源辨识方法

危险源辨识是指识别危险源及确定其特性的过程。所有可能导致伤害和健康损害的事件都被视为危险源，包括识别危险源、事件、其起因及潜在后果。本书中，电力作业危险源指在电力作业过程中有可能对作业人员、设备财产、作业环境有害的隐患和因素，以及可能导致人员患职业病的有害风险。

电力作业现场的危险源辨识应该涉及全生命周期和全生产要素，包括构思研发、规划方案、项目设计、运行实施、维护保养等阶段，同时也包括人、机、料、法、环等生产要素。由于各生命周期内所处要素存在不同状态和特性，因此需要采用不同的辨识方法或其组合，以实现不同生命周期内要素的危险源全面识别。常用的危险源辨识方法包括预先危害分析（preliminary hazard analysis，PHA）、工作危害分析（job hazard analysis，JHA）、故障类型和影响分析（failure mode and effects analysis，FMEA）、危险和可操作性分析（hazard and operability analysis，HAZOP）、能量源分析（energy source analysis，ESA）。表2-7和表2-8展示了不同生产阶段和组成要素的划分以及适用的危险源辨识方法。

表2-7　　　　　　　　　　适用于各生产阶段的辨识方法

各阶段	PHA	JHA	FMEA	HAZOP	ESA
构思研发	√				√
规划方案	√				√
项目设计			√	√	√
运行实施		√	√	√	√
维护保养		√	√		√

表2-8　　　　　　　　　　适用于各要素的辨识方法

各要素	PHA	JHA	FMEA	HAZOP	ESA
作业活动	√	√			
设备设施	√		√		
场所环境	√				√
工艺过程	√			√	
操作行为	√			√	

2.3.2.2 人身风险评估

电力作业涉及高压线路、电缆、变压器等高风险的设备。这些设备如果处理不当，可能会对电力工人造成严重伤害甚至危及生命。电力作业人身风险评估是指利用科学方法对电力作业过程中存在的人身伤害危险进行分析和预测。人身风险评估分析模型涉及的主要理论包括：

（1）安全心理及行为学。安全心理及行为学通过分析生产过程中工人的知觉规律和事故人员的心理状态，提出对人的心理安全进行安全教育，并在制度、管理和操作技术上采取有效的安全措施，避免因主客观因素引起不正常的心理反应和错误操作行为，以确保施工劳动中工人的人身安全和设备安全。该学科的主要内容包括：① 对人的各种心理现象进行梳理，分析其对应的含义和后果；② 研究事故原因与人的心理因素之间的关系；③ 分析生理、心理因素与不安全行为之间的关系；④ 探讨如何培养正确、良好的心理素质，预防事故发生。

（2）事故致因学。事故致因学是通过研究事故的发生规律和预防方法，分析梳理事故发生的根本原因，从而防止事故发生的理论。它主要用来分析事故的成因、发生过程以及后果，并对事故根源的产生和发展进行明确的分析。事故致因学包括事故频发倾向论、事故遭遇倾向论、事故因果连锁论、轨迹交叉论、能量意外释放理论、管理失误论和系统安全理论等多种理论。

（3）数理统计学。数理统计学通过生成数据并进行推理分析，可解决重大问题和复杂问题。其方法通常包括收集和处理各类数据、建立分析模型、采用多种模型和技术进行统计分析等方式，以量化推断或预测问题。通过这些分析和预测，数理统计学可为决策和行动提供依据。在现代分析预测工作中，数理统计学是一种应用广泛的工具。

（4）人因可靠性。人因可靠性是指人在规定时间内、规定条件下能够无差错地完成任务的能力。通常定义为在一定时间的工作阶段中，工作人员在设定的时间内按照生产要求完成作业且不发生人身、设备等其他事故的概率，也被称作人员可靠性。

（5）层次分析法。层次分析法（AHP）是一种综合定性和定量数据的决策分析方法。它通过将复杂的决策问题分层、分级和建立模型，从而实现可量化的决策过程。使用该方法，决策者可以将复杂问题分解成多个层次和因素，并进行简单的两两比较或多种形式的计算来确定不同因素的权重分配，为最佳决策方案提供基于数据的依据。

（6）灰关联理论。灰色关联分析的核心原理是灰色关联度。关联度是指对于两个或两个以上的要素或系统之间的联系，在不同条件下，其关联程度也会发生变化。通过灰色关联分析方法，可以根据各个系统之间发展趋势的一致性或不一致性程度（灰色关联度），对趋势进行分析，建立系统和因素之间的数值模型关系，以反映它们的变化趋势。

2.3.2.3　作业现场风险预测与评估

按作业流程划分为若干阶段和步骤，每个阶段和步骤存在相应的风险项，其风险的可能性与严重程度均可定性描述。故障风险值由故障概率与故障影响度构成，其计算公式为

$$RI = P \times D \qquad (2-27)$$

式中：RI 为故障风险分值；P 为故障发生的可能性；D 为故障发生的严重程度。

每个任务都具有不同的步骤数和阶段数，但会采用统一、规范的作业 7 段方法来执行，这些方法包括制订方案、安排人员、检查设备、作业准备、作业、现场恢复和整理报告。针对典型任务的步骤或阶段，班组、管理和专家三个层级将进行评分。将典型作业按照时间先后顺序列出作业步骤，并归入到 7 个作业阶段中。每个阶段风险值为 RI_k，其计算值为

$$RI_k = RI_{k,f} \times k_f + RI_{k,m} \times k_m + RI_{k,e} \times k_e \qquad (2-28)$$

式中：k_f、k_m、k_e 分别为班组、管理、专家打分的权重系数；$RI_{k,f}$、$RI_{k,m}$、$RI_{k,e}$ 分别为班组、管理、专家打的分值。

现场作业的整体风险分值通过权重累加，阶段权重依次为 ω_1、ω_2、ω_3、ω_4、ω_5、ω_6、ω_7，从而得到风险能量函数为

$$E_{\text{risk}} = \sum_{i=1}^{7} (\omega_i \times RI_i) \qquad (2-29)$$

风险概率函数为

$$P_{\text{risk}} = RI_{\text{max}} \times \sigma_{\text{risk}} \qquad (2-30)$$

施工项目作业风险总体风险为

$$RI_{\text{fw}} = R(E_{\text{risk}}, P_{\text{risk}}) \qquad (2-31)$$

3　电力作业运动目标三维场景位置感知技术

本书在已建立的变电站三维建模基础上，进一步对运动目标进行精细化建模，采用超宽带（ultra wide band，UWB）等无线定位感知技术对作业目标进行定位，并将带作业目标位置信息在变电站三维模型中进行更新。同时基于深度学习对作业目标的状态进行感知，结合作业目标的位置进行危险态势的评估，实现对作业目标的智能风险安全管控。

3.1 基于稀疏点云的运动目标重建技术

利用双目稀疏点云重建架构进行物体点云描述，以三原色（RGB）图像为输入，并由点云生成网络、双视图点云合成网络和点-区域 Transformer 网络三个网络组成。点云生成网络为每个输入视图生成粗糙点云；双视图点云合成网络融合不同视图的区域级特征生成相对精确的点云；而点-区域 Transformer 网络则对点云内不同区域之间的依赖关系进行探索，以生成更精细的点云结构。

点云生成网络如图 3-1 所示，它的体系结构包括两条编码器分支、一条解码器分支、一条预测器分支。其中，编码器支路由卷积层组成；解码器分支由反卷积组成；预测器分支由全连接层组成。全局特征通过解码器分支生成给定物体的形状信息，局部特征经过预测分支生成给定物体的局部细节。最后合并两条分支的结果以生成最终的点云。通过以上流程，点云生成网络为每个输入视图输出一个粗糙点云。

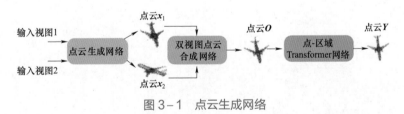

图 3-1 点云生成网络

双视图点云合成网络采用区域注意力机制学习跨视图粗糙点云区域之间的高质量对应关系，从而实现更准确的特征融合。此外，该网络可以通过点云变形模块生成一个相对精确的点云。它由三部分组成：① 区域级特征提取器；② 区域注意力机制；③ 点云变形模块。

3.1.1 区域级特征提取器

PointNet++ 的多尺度分组提取点云细节信息，构建了一个区域级特征提取器，使用最远点采样和球查询建立多尺度区域，利用 PointNet 提取特征，再使用多层感知器将特征抽象为区域级特征描述点云结构信息。

通过区域级特征提取器，点云 $\boldsymbol{x}_1$ 和点云 $\boldsymbol{x}_2$ 的区域级特征分别提取为 $\boldsymbol{F} = [\boldsymbol{f}_1, \cdots, \boldsymbol{f}_N]^{\mathrm{T}} \in \mathbb{R}^{N \times d}$ 和 $\boldsymbol{G} = [\boldsymbol{g}_1, \cdots, \boldsymbol{g}_N]^{\mathrm{T}} \in \mathbb{R}^{N \times d}$，其中 N 表示每个点云被划分为 N 个区域；$\boldsymbol{f}_t \in \mathbb{R}^d$ 是点云 $\boldsymbol{x}_1$ 的第 t 个区域的特征；$\boldsymbol{g}_j \in \mathbb{R}^d$ 是来自点云 $\boldsymbol{x}_2$ 的第 j 个区域的特征；d 是 $\boldsymbol{f}_t$ 和 $\boldsymbol{g}_t$ 的维度。

3.1.2 区域级注意力机制

为了准确融合跨视图粗糙点云（点云 $\boldsymbol{x}_1$ 和点云 $\boldsymbol{x}_2$）的区域级特征，采用一种区域注意力机制。它首先通过堆叠原始的注意力机制对齐区域级特征 $\boldsymbol{F}$ 和 $\boldsymbol{G}$，建模两组点云区域之间的基本对应关系。然后，引入 AoA 模型优化对齐结果以学习一种高质量的对应关系。区域注意力机制执行三种操作：① 区域级特征对齐；② 对齐优化；③ 特征融合。区域级特征对齐的操作流程如图 3-2 所示。

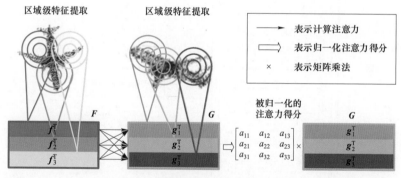

图 3-2　区域级特征对齐的操作流程

3.1.3 点云变形模块

为了生成一个相对精确的点云，需要在被融合特征和粗糙点云之间建立通信。因此，点云变形模块的思想是利用被融合特征 $\boldsymbol{M}$ 指导点云 $\boldsymbol{x}_1$ 变形为一个相对精确的点云。该模块整体的设计如下

$$\boldsymbol{O} = \mathrm{Deformer}(\boldsymbol{M}, \boldsymbol{x}_1) \tag{3-1}$$

该模块以 $\boldsymbol{M}$ 和 $\boldsymbol{x}_1$ 作为输入，输出一个相对精确的点云 $\boldsymbol{O}$。具体地说，$\mathrm{Deformer}(\cdot)$ 的步骤如下：首先，被融合的特征 $\boldsymbol{M}$ 通过 MLP 和重塑操作（reshaping）

解码为指导信号 $\boldsymbol{T}$，即

$$\boldsymbol{T} = r[\mathrm{MLP}(\boldsymbol{M})] \tag{3-2}$$

式中：$\boldsymbol{T}$ 为指导信号（一个与点云 $\boldsymbol{x}_1$ 具有相同的尺寸大小的矩阵，用于指导点云 $\boldsymbol{x}_1$ 变形）；r 为重塑操作；MLP 为两个线性变换层组成。

3.1.4 点–区域Transformer网络

为了细化三维形状的几何结构，采用点–区域 Transformer 网络可以捕获点云的区域级特征，并对点云内部不同区域之间的依赖关系进行建模，以增强点云细节，最终获得被细化的稀疏点云。点–区域 Transformer 网络如图 3–3 所示，它由以下两部分组成。

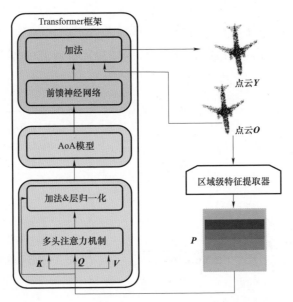

图 3-3　点–区域 Transformer 网络的结构图

（1）区域级特征提取：利用区域级特征提取器提取点云 $\boldsymbol{O}$ 的区域级特征 $\boldsymbol{P} = [p_1, \cdots, p_L]^{\mathrm{T}} \in \mathbb{R}^{L \times d_g}$，其中 L 表示点云被划分为 L 个区域（L 设置为 6）。$p_L \in \mathbb{R}^{d_g}$ 表示点云 $\boldsymbol{O}$ 第 L 个区域的特征。

（2）Transformer 框架：它首先通过 MHA 建模了点云 $\boldsymbol{O}$ 内不同区域的依赖关系。根据被建模的依赖关系，该框架可以自适应地调整点云 $\boldsymbol{O}$ 的区域级特征，然后引入 AoA 模型进一步对被调整的特征进行优化。最后，利用前馈神经网络和加法操作实现点云与被优化特征之间的交互，从而形成细化的点云 $\boldsymbol{Y}$。

1. 建模依赖关系

由于 MHA 可以显式地建模输入元素之间的长期依赖，本书使用 MHA 来建模点云 O 内部不同区域之间的依赖关系。形式上，Transformer 框架以 P 作为输入，P 通过三个单独的线性变换分别映射到查询 Q、键 K 和值 V，计算如下

$$Q = PW_Q, K = PW_K, V = PW_V \tag{3-3}$$

式中：W_Q、W_K、$W_V \in \mathbb{R}^{d_g \times d_g}$ 为线性变换矩阵；每个 Q、K、V 沿通道维度划分为 $h = 8$ 个分量（即 Q_i、K_i 和 V_i，其中 Q_i、K_i 和 V_i 为在第 i 个分量中点云 O 的区域级特性）。

然后，利用点积（dot-product）计算 Q_i 和 K_i 的注意力得分，然后通过归一化该注意力得分计算第 i 个分量中点云 O 内部不同区域之间的依赖关系 ω_i。计算过程为

$$\omega_i = \mathrm{softmax}\left(\frac{Q_i K_i^{\mathrm{T}}}{\sqrt{d_k}}\right) \tag{3-4}$$

式中：ω_i 为一个大小为 $L \times L$ 的矩阵；d_k 为一个常数比例因子。

2. 调整区域级特征

如前所述，V_i 是第 i 个分量中点云 O 的区域级特征。它根据依赖关系 ω_i 被调整并作为 MHA 中第 i 个分量的输出。其计算公式如下

$$head_i = \omega_i V_i \tag{3-5}$$

接下来，连接 h 个分量的输出生成被调整的区域级特征 D，并建立残差连接以及层归一化以加强信息流，获得更好的性能。具体计算过程如下

$$D = \mathrm{concat}(head_i, \cdots, head_h) W_o \tag{3-6}$$

$$D = \mathrm{LayerNorm}(P + D) \tag{3-7}$$

式中：D 为 MHA 的结果（为被调整的区域级特征）；$W_o \in \mathbb{R}^{d_g \times d_g}$ 为聚合不同分量的线性变换矩阵。

3. 优化被调整的区域级特征

无论查询 Q 和键 K 是否相关，MHA 总会计算出查询 Q 与键 K 的注意力得分。然而，当查询 Q 和键 K 完全无关时，被计算的注意力得分将导致 MHA 的结果查询 D 中存在误差信息。因此，为了进一步优化查询 D，引入 AoA 模型以消除查询 D 中的误差信息，只保留有用的信息。该过程被整体定义为

$$\hat{D} = \mathrm{AoA}(Q, D) \tag{3-8}$$

式中：$\boldsymbol{D}$ 为 MHA 的结果；$\boldsymbol{Q}$ 为查询向量；$\hat{\boldsymbol{D}}$ 为被优化的 $\boldsymbol{D}$。

具体来说，AoA($\bullet$) 的计算过程如下。

首先利用查询 $\boldsymbol{D}$ 和键 $\boldsymbol{Q}$ 构造一个信息向量和一个注意门，如式（3－9）和式（3－10）所示。然后，通过哈达玛积将注意门应用于信息向量，以消除了 $\boldsymbol{D}$ 中的误导性信息，最终得到一个新的注意特征 $\hat{\boldsymbol{D}}$，如式（3－11）所示

$$\boldsymbol{I} = \boldsymbol{Q}\boldsymbol{W}_{\mathrm{Q}}^{\mathrm{R}} + \boldsymbol{D}\boldsymbol{W}_{\mathrm{M}}^{\mathrm{R}} \tag{3－9}$$

$$\mathrm{Gate} = \sigma(\boldsymbol{Q}\boldsymbol{W}_{\mathrm{Q}}^{\mathrm{G}} + \boldsymbol{D}\boldsymbol{W}_{\mathrm{M}}^{\mathrm{G}}) \tag{3－10}$$

$$\hat{\boldsymbol{D}} = \boldsymbol{I} \circ \mathrm{Gate} \tag{3－11}$$

式中：$\boldsymbol{I}$ 为信息向量；Gate 为注意门；$\boldsymbol{W}_{\mathrm{Q}}^{\mathrm{R}}$、$\boldsymbol{W}_{\mathrm{M}}^{\mathrm{R}}$、$\boldsymbol{W}_{\mathrm{Q}}^{\mathrm{G}}$、$\boldsymbol{W}_{\mathrm{M}}^{\mathrm{G}} \in \mathbb{R}^{d_g \times d_g}$ 为线性变换矩阵，d_g 为 P 的维度；σ 为 sigmoid 激活函数；$\circ$ 为哈达玛积（HadamardProduct）；$\hat{\boldsymbol{D}}$ 为被优化的区域级特征。

4. 细节增强

通过重塑操作和由三个线性变换层组成的前馈神经网络，$\hat{\boldsymbol{D}}$ 被解码为协助信号 $\boldsymbol{S}$，如式（3－12）所示。$\boldsymbol{S}$ 包含了点云 $\boldsymbol{O}$ 内部不同区域之间的依赖关系，它被用于协助点云 $\boldsymbol{O}$ 形成一个新的点云 $\boldsymbol{Y}$，如式（3－13）所示

$$S = r(FC(FC(FC(\hat{D})))) \tag{3－12}$$

$$\boldsymbol{Y} = \boldsymbol{O} + \boldsymbol{S} \tag{3－13}$$

式中：$FC(\bullet)$ 为线性变换层；$r(\bullet)$ 为重塑操作；$\boldsymbol{Y}$ 为大小 2080×3 的稀疏点云（它可以更准确地描述物体的精细结构）。

3.1.5 动态模型重构

作业场景中，检修车、作业人员等动态目标是影响电网是否安全运行的重要因素。采用上述方法实现作业目标的精细化建模，利用机器学习技术对场景中的目标快速、高精度识别，结合动态作业场景三维模型，实现三维场景中动态目标的实时更新。三维场景动态目标的实时更新包含动态目标精细化建模、基于目标识别的三维模型提取，动态目标在三维场景状态更新。

采用实景三维模型扫描技术、点云融合技术、精细化建模技术对多种检修车、作业人员进行建模，还原其真实结构、纹理。检修车与作业人员模型如图 3－4 所示。

（a）检修车　　　　　　　　（b）作业人员

图 3-4　XCMGQY30K5-Ⅰ检修车、作业人员

以 XCMGQY30K5-Ⅰ汽车起重机为例，采用以上方法，构建了动态目标三维精细化实景模型。经验证，实际整机全长、宽、高尺寸为 12 570×2500×3390mm；精细化模型长、宽、高为 12 530×2520×3360mm（尺寸与实际误差小于 0.2m 且小于实际尺寸的 1%，并且模型具有真实纹理）。

3.2　无线定位感知技术

无线定位利用测量设备和无线信号计算未知终端的地理位置。测量设备可以是卫星、蜂窝基站、Wi-Fi 热点或蓝牙信标。相应地，发射无线信号的设备包括卫星、蜂窝基站、Wi-Fi 热点和蓝牙信标。

不同的无线定位方法，依赖于不同的定位原理及不同的物理载体设备。一般情况下，无线定位方法的实施方案为：① 若干个有真实坐标的基站、卫星或者蓝牙信标等物理设备，发射无线信号用于测量未知终端，锚定所使用的地理坐标系；② 测量信号发射端与未知终端之间的无线信号在传输过程中产生的差异，例如功率差、时间差、场强差、角度差等。所使用的无线信号包括但不限于卫星信号、无线蜂窝信号、WLAN 信号、蓝牙信号；③ 根据第二步的测量结果，计算出移动终端在对应地理坐标系中的坐标。大体上，无线定位技术的原理可以分为距离、距离差、角度、信号场强四种。

3.2.1　UWB定位感知技术

美国联邦通信委员会将带宽大于 500MHz 且载波中心频率大于 2.5GHz 的信号定义为超宽带信号，该技术以无线载波作为通信方式，在极短的时间内发送非正弦波窄脉冲来传输数据，具有雷达、定位和通信功能。在目前的无线定位技术中，蓝牙和 Wi-Fi 技术定位精度差；超声波技术容易受到外部干扰；红外线技术穿透能力弱；相较于这些无线定位技术，UWB 定位技术则具有高精度、安全和抗干扰强等优势，被广泛应用于各领域中，并且具有较好的应用前景。基于时间的 UWB 定位算法主要有信号到达时间定位法、信号到达时间差定位法和信号到达角度定位法。

3.2.1.1　信号到达时间定位法

基于信号到达时间（time of arrive，TOA）定位法至少需要 3 个基站才能实现，该方法通过测量基站与目标间信号的到达时间，根据到达时间计算出二者间的距离，实现定位。定位原理如图 3 – 5 所示。

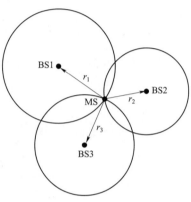

图 3 – 5 中 BS 为基站、MS 为待定位目标，其中 BS1、BS2、BS3 的坐标分别为 (x_1, y_1)、(x_2, y_2)、(x_3, y_3)；MS 坐标为 (x, y)，与基站间的距离分别为 r_1、r_2、r_3，待定位目标与三个基站间的距离可由式（3 – 14）得出

图 3 – 5　TOA 定位示意图

$$r_i = ct_i \quad i = 1, 2, 3 \qquad (3-14)$$

式中：c 为电磁波传播速度（约为 $3 \times 10^8 \text{m/s}$）；t_i 为第 i 个测量时间。

由图 3 – 5 可列出方程组，对方程组进行求解，可得出待定位目标 MS 的坐标 (x, y)。

$$\begin{cases} (x_1 - x)^2 + (y_1 - y)^2 = r_1^2 \\ (x_2 - x)^2 + (y_2 - y)^2 = r_2^2 \\ (x_3 - x)^2 + (y_3 - y)^2 = r_3^2 \end{cases} \qquad (3-15)$$

3.2.1.2　信号到达时间差定位法

由于 TOA 定位法要求对到达时间的测量相当精确，对基站与待定位目标的时间同步有严格要求，基于信号到达时间差（time difference of arrival，TDOA）定位法虽然也需要至少 3 个基站才能实现，但是可以通过待定位目标发出的信号到达各基站时间的差值得出目标与基站间距离，在很大程度上降低了对时间同步的要求。定位原理如图 3 – 6 所示。

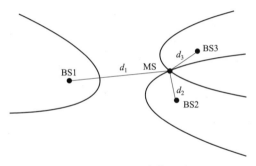

图 3-6 TDOA 定位示意图

TDOA 定位法采用双曲线函数的原理来对目标进行定位，如图 3-6 所示，基站 BS1、BS2、BS3 的坐标分别为 (x_1, y_1)、(x_2, y_2)、(x_3, y_3)；基站到待定位目标 MS (x, y) 的距离为 d_1、d_2、d_3，信号测量时间为 t_1、t_2、t_3；设 MS 与 BS1、BS2 的距离差为 d_{21}，到达时间差为 t_{21}，那么 MS 就在 BS1、BS2 为焦点，焦距为 d_{21} 的双曲线上；设 MS 与 BS1、BS3 的距离差为 d_{31}，到达时间差为 t_{31}，那么 MS 就在以 BS1、BS3 为焦点，焦距为 d_{31} 的双曲线上。根据几何关系可以得出以下方程组，对方程组求解，可得出待定位目标 MS 的坐标 (x, y)。

$$\begin{cases} \sqrt{(x_2 - x)^2 + (y_2 - y)^2} - \sqrt{(x_1 - x)^2 + (y_1 - y)^2} = d_{21} \\ \sqrt{(x_3 - x)^2 + (y_3 - y)^2} - \sqrt{(x_1 - x)^2 + (y_1 - y)^2} = d_{31} \end{cases} \quad (3-16)$$

其中

$$\begin{cases} d_{21} = ct_{21} = c(t_2 - t_1) \\ d_{31} = ct_{31} = c(t_3 - t_1) \end{cases} \quad (3-17)$$

3.2.1.3 信号到达角度定位法

基于信号到达角度（angle of arrival，AOA）定位法至少需要 2 个基站才能实现，该方法通过测量待定位目标发出信号与基站间的到达角度实现定位。定位原理如图 3-7 所示。

图 3-7 中，基站 BS1 和 BS2 的坐标分别为 (x_1, y_1)、(x_2, y_2)；待定位目标 MS 的坐标为 (x, y)；设待定位目标与基站的连线与水平轴顺时针的夹角为信号到达角度，信号在基站 BS1 和 BS2 的到达角度分别为 α、β。根据三角函数关系，可得出下列方程，对方程组求解，可得出待定位目标 MS 的坐标 (x, y)。

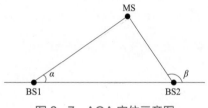

图 3-7 AOA 定位示意图

$$\begin{cases} \tan\alpha = \left(\dfrac{y - y_1}{x - x_1} \right) \\ \tan\beta = \left(\dfrac{y - y_2}{x - x_2} \right) \end{cases} \qquad (3-18)$$

3.2.1.4　一种基于混沌粒子群优化的 TDOA/AOA 混合定位技术

1. TDOA/AOA 混合定位模型

在 UWB 定位技术中，TDOA 定位算法克服了 TOA 定位算法中时钟同步的问题，但是仍需要至少 3 个基站；AOA 定位算法不仅有较高要求，而且多径效应在该算法对目标进行定位时会产生较大影响，但该算法只需要 2 个基站即可实现对目标定位；TDOA/AOA 混合定位算法不仅可以减少定位使用的基站数量，而且还可以提升定位精度，该方法在基站端测量 AOA 参数，在移动目标端测量 TDOA 参数，最终实现目标定位。在理想状态下，通常使用两个基站就可以得到定位结果，但是在实际环境中会受到非视距传播、多径效应和几何精度因子等因素的影响，导致信号的观测量存在一定误差。因此，为了保障定位结果的精准度，采用多基站（基站数量一般多于 3 个）进行定位。

首先使用加权最小二乘法（weighted least square，WLS）估计定位目标的初始方位，最小二乘法采用最小化误差的平方和来求解拟合数据的最佳匹配函数，加权最小二乘法是一种具有闭式解的双曲线方程组解法，并且能够通过增加基站数量提高定位精度，在一定程度上能够减少运算量，提高运算效率；然后在目标的初始位置点使用泰勒级数展开，将加权最小二乘法估计得到的目标位置偏移量用于目标位置修正，并不断进行调整，最终获得目标实际位置。泰勒级数法是以泰勒级数展开加权最小二乘法为基础的迭代算法，具有较高精度和可靠性，适用于任何定位方法，并且可以利用定位中的观测量提高定位性能。

（1）定位算法。定位距离误差和方向误差的模型为

$$d_i = ct_{i1} = c(t_i - t_1) \qquad i = 2,3,4,\cdots,N \qquad (3-19)$$

$$d_{i1} = d_i - d_1 + n_{i1} = \sqrt{(x_i - x)^2 + (y_i - y)^2} - \sqrt{(x_1 - x)^2 + (y_1 - y)^2} + n_{i1} \quad i = 2,3,4,\cdots,N$$

$$(3-20)$$

式中：d_{i1} 为待定位目标 MS (x,y) 到基站 BSi 与 BS1 间的距离差；t_{i1} 为 BSi (x_i,y_i) 与 BS1 (x_1,y_1) 到 MS 的时间差；n_{i1} 为 TDOA 算法的测量噪声。

由式（3-19）和式（3-20）可得出误差表达式为

$$\beta = \arctan\left(\frac{y - y_1}{x - x_1}\right) + n_\beta \qquad (3-21)$$

式中：β 为 BS1 与 MS 的观测角度；n_β 为 AOA 测量噪声。

$$p = g(A) + n \qquad (3-22)$$

$$p = \begin{bmatrix} d_{21} \\ d_{31} \\ \vdots \\ d_{N1} \\ \beta \end{bmatrix}, g(A) = \begin{bmatrix} d_2 - d_1 \\ d_3 - d_1 \\ \vdots \\ d_N - d_1 \\ \arctan\left(\dfrac{y - y_1}{x - x_1}\right) \end{bmatrix}, A = \begin{bmatrix} x \\ y \end{bmatrix}, n = \begin{bmatrix} n_{21} \\ n_{31} \\ \vdots \\ n_{N1} \\ n_\beta \end{bmatrix} \qquad (3-23)$$

设由最小二乘法估计得到的 MS 初始位置为 (x_0, y_0)，将式（3-19）在初始位置用泰勒级数展开，消除二阶以上的分量，式（3-19）可以改写为

$$\varphi = h - G\delta \qquad (3-24)$$

$$h = \begin{bmatrix} d_{21} - (d_2 - d_1) \\ d_{31} - (d_3 - d_1) \\ \vdots \\ d_{N1} - (d_N - d_1) \\ \beta - \arctan\left(\dfrac{y_0 - y_1}{x_0 - x_1}\right) \end{bmatrix},$$

$$G = \begin{bmatrix} \dfrac{x_1 - x_0}{d_1} - \dfrac{x_2 - x_0}{d_2} & \dfrac{y_1 - y_0}{d_1} - \dfrac{y_2 - y_0}{d_2} \\ \dfrac{x_1 - x_0}{d_1} - \dfrac{x_3 - x_0}{d_3} & \dfrac{y_1 - y_0}{d_1} - \dfrac{y_3 - y_0}{d_3} \\ \vdots & \vdots \\ \dfrac{x_1 - x_0}{d_1} - \dfrac{x_N - x_0}{d_N} & \dfrac{y_1 - y_0}{d_1} - \dfrac{y_N - y_0}{d_N} \\ \dfrac{x_1 - x_0}{d_1^2} & \dfrac{y_1 - y_0}{d_1^2} \end{bmatrix}, \qquad (3-25)$$

$$\delta = \begin{bmatrix} \Delta x \\ \Delta y \end{bmatrix}$$

式中：d_i 是初始位置到基站 BSi 的距离。

通过运用 WLS 算法可以得出定位目标位置的误差 δ 如下

$$\boldsymbol{\delta} = \begin{bmatrix} \Delta x \\ \Delta y \end{bmatrix} = (\boldsymbol{G}^{\mathrm{T}} \boldsymbol{Q}^{-1} \boldsymbol{G})^{-1} \boldsymbol{G}^{\mathrm{T}} \boldsymbol{Q}^{-1} \boldsymbol{h} \tag{3-26}$$

$$\boldsymbol{Q} = \begin{bmatrix} Q_n & 0 \\ 0 & \sigma_\varepsilon^2 \end{bmatrix} \tag{3-27}$$

式中：$\boldsymbol{Q}$ 为 TDOA 和 AOA 观测量误差的协方差矩阵；Q_n 为 TDOA 观测量的方差；σ_ε^2 为 AOA 观测量误差的方差。

设 $x' = x_0 + \Delta x$，$y' = y_0 + \Delta y$，并设定 $|\Delta x| + |\Delta y| < \varepsilon$，当满足该条件时，$(x', y')$ 为待定位目标 MS 的估计位置。

（2）初始位置估计。设待定位目标 MS 到基站 BSi 和 BS1 的距离差为 d_{i1}，计算如下

$$d_{i1} = d_i - d_1 = \sqrt{(x_i - x)^2 + (y_i - y)^2} - \sqrt{(x_1 - x)^2 + (y_1 - y)^2} \tag{3-28}$$

对式（3-28）进行线性处理

$$d_i^2 = (d_{i1} + d_1)^2 \tag{3-29}$$

$$d_i^2 = (x_i - x)^2 + (y_i - y)^2 = x_i^2 + y_i^2 - 2x_i x - 2y_i y + x^2 + y^2 \tag{3-30}$$

$$d_{i1}^2 + 2d_{i1}d_1 + d_1^2 = x_i^2 + y_i^2 - 2x_i x - 2y_i y + x^2 + y^2 \tag{3-31}$$

设 $r_i = x_i^2 + y_i^2$，则式（3-31）可以表示为

$$d_{i1}^2 + 2d_{i1}d_1 + d_1^2 = r_i - 2x_i x - 2y_i y + x^2 + y^2 \tag{3-32}$$

当 $i = 1$ 时，式（3-32）表示为

$$d_1^2 = r_1 - 2x_1 x - 2y_1 y + x^2 + y^2 \tag{3-33}$$

将式（3-32）与式（3-33）作差，得到

$$\begin{aligned} d_{i1}^2 + 2d_{i1}d_1 &= r_i - 2(x_i - x_1)x - 2(y_i - y_1)y - r_1 \\ &= r_i - 2x_{i1}x - 2y_{i1}y - r_1 \end{aligned} \tag{3-34}$$

设

$$\boldsymbol{s} = [x, y, l]^{\mathrm{T}} = \left[x, y, \sqrt{(x_1 - x)^2 - (y_1 - y)^2} \right]^{\mathrm{T}} \tag{3-35}$$

联合式（3-35），可将式（3-34）改写为

$$\boldsymbol{f} = \boldsymbol{K}\boldsymbol{s} + \boldsymbol{\mu} \tag{3-36}$$

$$\boldsymbol{f} = \frac{1}{2} \begin{bmatrix} d_{21}^2 - (r_2 - r_1) \\ d_{31}^2 - (r_3 - r_1) \\ \vdots \\ d_{N1}^2 - (r_N - r_1) \end{bmatrix}, \boldsymbol{K} = - \begin{bmatrix} x_{21} & y_{21} & d_{21} \\ x_{31} & y_{31} & d_{31} \\ \vdots & \vdots & \vdots \\ x_{N1} & y_{N1} & d_{N1} \end{bmatrix} \tag{3-37}$$

通过 WLS 算法，将式（3-27）中已知的 Q 用来代替误差 μ 的协方差矩阵，可解出 s 的估计值。

$$s = (K^T Q^{-1} K)^{-1} K^T Q^{-1} f \qquad (3-38)$$

对式（3-38）进行计算求解，可得出待定位目标初始估计位置坐标 (x_0, y_0)。

2. 混沌粒子群定位优化算法

传统粒子群算法的粒子在复杂环境中进行搜索时，飞行方向均指向全局最优解，当其中一个粒子在飞行过程中发现了局部最优解，其余粒子的搜索速度很大程度上会减缓到零，造成粒子陷入局部最优解，即早熟缺陷。混沌粒子群（chaotic particle swarm optimization，CPSO）算法是混沌优化与粒子群算法的结合，混沌优化具有随机性、便利性等特点，能够增强粒子对空间中任意位置目标的搜索能力，避免算法优化过程陷入局部最优解。

（1）混沌优化模型。目前混沌模型多种多样，主要有 Logistic 映射模型、Henon 映射模型和 Lorenz 映射模型等。其中 Logistic 映射模型相较于其他映射模型结构简单、遍历性较好，本书采用 Logistic 映射模型为混沌模型，该模型如式（3-39）所示。

$$Z^{i+1} = \mu Z^i (1 - Z^i) \qquad i = 0, 1, 2, \cdots \qquad (3-39)$$

式中：μ 为控制参数（$\mu \in (2,4]$，μ 的值与混沌占有比例成正比关系）；$Z^i \in (0,1)$ 为混沌域，能够生成混沌序列 Z^1、Z^2、$\cdots$、Z^i。

（2）混沌粒子群算法。混沌粒子群算法的实现过程以粒子群算法为基础，具体实现过程如下。

第一步，将算法相关参数初始化处理。粒子群算法在对粒子进行初始化时，式（3-15）中的 r_1 和 r_2 为随机数，即各个粒子的初始速度与方向均为无规则的，因此在搜索过程中会漏掉一些位置，无法确保搜索过程的遍历性，以及多样性。混沌粒子群算法在参数初始化的过程中对粒子的速度和位置进行混沌映射，将生成的混沌序列替换 r_1 和 r_2，以提升算法搜索全局最优解的能力。

第二步，更新粒子参数。更新迭代各个粒子的速度向量与位置向量，速度的范围区间为 $[V_{min}, V_{max}]$，位置范围区间为 $[x_{min}, x_{max}]$、$[y_{min}, y_{max}]$，即基站覆盖范围，惯性权重系数 ω 采用动态设置的方法，如式（3-40）所示。

$$\omega = \omega_{max} - \frac{k(\omega_{max} - \omega_{min})}{k_{max}} \qquad (3-40)$$

第三步，计算每个粒子的适应度。混沌粒子群算法通过设置适应度函数为

粒子提供搜索方向，适应度的值与粒子对函数的适应性异向相关。本书的适应度函数以待测目标坐标进行设计，适应度函数为

$$\text{Fitness}(x', y') = \{(d_{i1} - d_i + d_1)^{\text{T}}(d_{i1} - d_i + d_1)$$
$$+ \frac{\sigma_\varepsilon^2}{n_\beta^2}\left[\beta - \arctan\left(\frac{y - y_1}{x - x_1}\right)\right]^2\} \qquad (3-41)$$

第四步，更新历史适应度的值，并判断更新适应度的粒子是否处于停滞状态，即粒子是否陷入局部最优解，如果粒子处于停滞状态，则用式（3-41）对其进行混沌扰动。

第五步，当迭代次数达到最大值时，将值最小的适应度函数对应的全局最优位置 G_b 确定为算法优化出的最优解。否则，返回第二步，继续进行迭代。

混沌粒子群混合定位算法的整体实现过程，如图3-8所示。

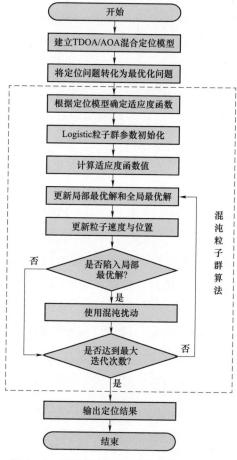

图3-8　混沌粒子群混合定位算法流程图

3.2.2 基于北斗地基增强系统的位置服务技术

3.2.2.1 北斗定位的实现原理

北斗卫星导航系统是我国自主研制的全球卫星定位与通信系统，能够为各类用户提供高精度、高可靠的定位、导航、授时服务，并具备短报文通信功能，已经形成了比较完整的应用产业体系，并成功运用在交通运输、地震救灾、森林防火和通信服务等领域。

北斗卫星导航系统由三部分组成：空间段、地面控制段和用户段。空间段是由 35 颗卫星构成的星座系统，提供信息的传输和中继服务；地面控制段是包含监测、控制和更新卫星的独立单位；用户段通过信号交互获得位置信息。这三部分通过无线链路连接成一个整体，如图 3−9 所示。

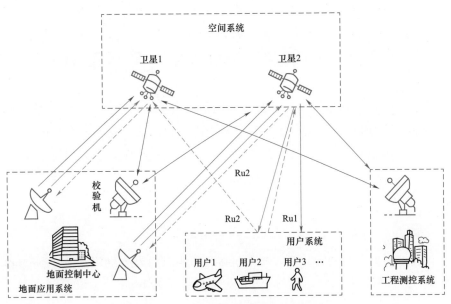

图 3−9 北斗卫星导航系统空间结构图

北斗卫星信号采用码分多址技术，包含载波信号、伪随机码和数据码，服务信息在三个频点上加载，频率分别为 1561.098、1207.140、1268.520MHz。导航电文是二进制码，由北斗卫星发射，包含卫星轨道和时钟修正等信息，发射速率分别为 50、500bit/s。北斗卫星信号采用四相移相键控（QPSK）调制方式，包含 I 支路和 Q 支路两个测距码所有信息。信号结构可以表示为

$$S = A_I D_I(t) k_I(t) \cos(2\pi ft + \varphi_I) + A_Q D_Q(t) k_Q(t) \sin(2\pi ft + \varphi_Q) \quad （3-42）$$

式中：A_I 和 A_Q 分别为信号在 I 支路和 Q 支路的测距码振幅；D_I 和 D_Q 为 I 支路和 Q 支路的测距码；k_I 和 k_Q 分别为两支路的数据码，该数据码是在测距码上调制的；φ_I 和 φ_Q 分别为载波在两支路上的初始相位。

对于北斗卫星 B1、B2、B3 各个频点信号的参数，具体数据见表 3-1。

表 3-1　　　　　　　　　　　北斗卫星信号的基本参数

信号相关参数	B1	B2	B3
载波频率（MHz）	1559.052～1591.788	1166.220～1217.370	1250.618～1286.423
工作带宽（MHz）	4.092	24	24
载波波长（m）	0.188～0.192	0.246～0.257	0.233～0.240
码速率（bit/s）	2.046	2.046	10.230

因为卫星信号是共享的，所以满足了同一时间多用户的需求。卫星信号有两种测距码，其中 C/A 码结构公开，码精度相对较低，适用于民用；P 码码长较长不容易捕获，码精度高，结构不会对外公开，在军事上满足了保密的需求。

由于卫星信号在被发出时和被接收时所参考的时钟不一致，因此将其统一转换成北斗时（BDT）。假设在北斗时为 t 时刻的时候，接收机参考时钟记为 $t_\mu(t)$，卫星参考时钟记为 $t_s(t)$，接收机钟差用符号 $\delta t_\mu(t)$ 表示，卫星钟差用符号 $\delta t_s(t)$ 表示，那么接收机钟差和卫星钟差分别满足下列关系

$$t_\mu(t) = t + \delta t_\mu(t) \tag{3-43}$$

$$t_s(t) = t + \delta t_s(t) \tag{3-44}$$

假设卫星信号从被发出到被接收机接收所用时间为 τ，那么信号在卫星参考时钟 $(t-\tau)$ 时刻被发出时，其与北斗时之间的关系如下

$$t_s(t-\tau) = (t+\tau) + \delta t_s(t-\tau) \tag{3-45}$$

在卫星信号发射时刻和接收时刻与北斗时同步的情况下，伪距观测量的表达式可表示如下

$$\rho(t) = c \cdot [t_\mu(t) - t_s(t-\tau)] \tag{3-46}$$

电离层和对流层在信号传输过程中会给其带来延时误差，从而对伪距观测值产生影响，但由于电离层延时和对流层延时都可经过数学模型或者测量而得到，将这部分误差看成已知量，因此伪距表达式可以表示如下

$$\rho' = r + c\delta t_\mu + \varepsilon_\rho \qquad (3-47)$$

式中：ρ' 为经过模型校正后的伪距观测值；ε_ρ 为伪距测量误差［在计算中可忽略，因此在式（3-47）中可以看出只有卫星位置坐标和接收机钟差两个未知量］。

上式表示为简化后的伪距观测方程，每实现对一颗卫星的观测便能得到相对应的一个伪距观测方程，因此对于多颗卫星，伪距观测方程列为如下形式

$$\rho'^{(n)} = r^{(n)} + c\delta t_\mu + \varepsilon_\rho^{(n)} \qquad (3-48)$$

式中：n 表示每颗卫星所对应的编号（$n = 1, 2, 3, \cdots, N$）。

假设接收机的空间位置坐标用（x, y, z）来表示，卫星三维空间坐标用 $(X^{(n)}, Y^{(n)}, Z^{(n)})$ 来表示，接收机指向卫星的观测矢量如图 3-10 所示。

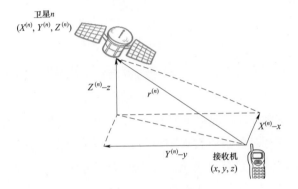

图 3-10　观测矢量图

伪距观测方程组由下列非线性方程组所示

$$\sqrt{(X^{(1)} - x)^2 + (Y^{(1)} - y)^2 + (Z^{(1)} - z)^2} + c\delta t_\mu = \rho'^{(1)}$$
$$\sqrt{(X^{(2)} - x)^2 + (Y^{(2)} - y)^2 + (Z^{(2)} - z)^2} + c\delta t_\mu = \rho'^{(2)}$$
$$\cdots \qquad (3-49)$$
$$\sqrt{(X^{(n)} - x)^2 + (Y^{(n)} - y)^2 + (Z^{(n)} - z)^2} + c\delta t_\mu = \rho'^{(n)}$$

卫星的三维空间位置坐标 $(X^{(n)}, Y^{(n)}, Z^{(n)})$ 可根据各个卫星信号的星历参数求解得到，属于已知量，北斗接收机三维空间位置坐标（x, y, z）和接收机钟差 δt_μ 四个未知数便可由一个四元非线性方程组求出，因此伪距定位解算需要四颗或四颗以上的播发卫星参与定位，北斗定位解算算法的实质便是求解四元非线性方程组。

接收机只要从卫星信号中获取到可见卫星的三维空间位置信息以及伪距

观测值信息，便能够根据相关算法解算出用户接收机的实际位置。这一定位解算功能的实现是一个非常复杂的过程，具体的解算模块实现流程如图3-11所示。

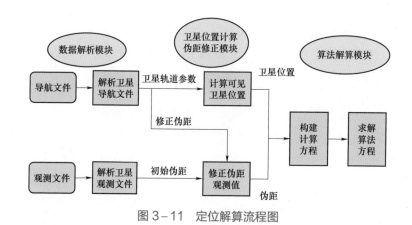

图3-11 定位解算流程图

定位解算流程分为三个模块，分别为数据解析模块、卫星位置计算及伪距修正模块、算法解算模块。首先对原始卫星信号发送的导航电文进行解析，从中获得卫星轨道参数和伪距观测量初始值，并据此计算得到卫星空间位置坐标，并根据伪距修正模型对伪距参数误差进行修正，然后将卫星三维空间位置坐标和修正后的伪距观测值结合组成伪距观测方程，最后选择合适的解算算法求解未知量便可得到用户接收机的位置信息。

3.2.2.2 北斗地基增强系统的组成

为满足动态作业场景的厘米级高精度定位需求，单纯依靠北斗定位仅能达到米级精度。因此，北斗地基增强系统成了国家重要的信息基础设施之一，用于提供高精度的导航定位服务。北斗地基增强系统主要由基准站网、监测站网、数据处理中心、通信网络系统、运营服务平台、数据播发系统、用户终端、信息安全防护体系和数据备份系统等部分组成，如图3-12所示。其原理是通过若干基准站接收导航卫星的信号，经过解算处理产生导航卫星数据产品，并通过互联网等方式提供服务，以实现广域米级和分米级，区域厘米级的实时定位导航精度以及后处理毫米级定位服务精度。使用北斗地基增强系统的增强数据服务，可以将定位精度从数米或十米级提升到米级、分米级、厘米级以及后处理的毫米级。

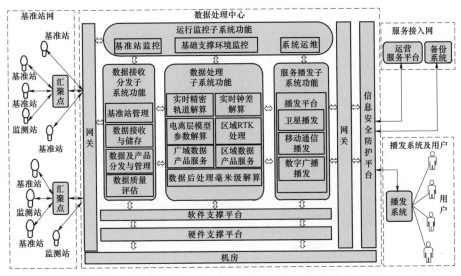

图 3-12 北斗地基增强系统的基本组成

北斗/全球导航卫星系统（GNSS）地基增强服务系统包括北斗/GNSS 基准站、北斗/GNSS 网络载波相位差分技术（RTK）处理系统、广域实时精密定位数据系统、事后高精度精密数据处理系统及应用终端系统等子系统，各子系统间总体架构如图 3-13 所示，各子系统间数据流如图 3-14 所示。

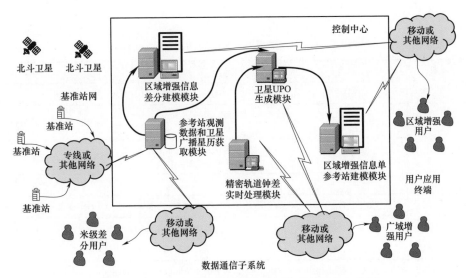

图 3-13 北斗区域地基增强服务系统总体架构示意图

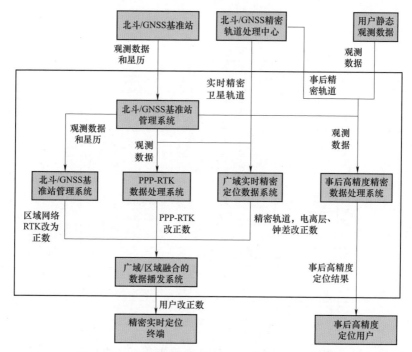

图 3-14　北斗地基增强服务系统数据流程示意图

　　根据提供服务的方式、产品、定位模式的不同，北斗/GNSS 区域地基增强服务系统服务内容主要有区域实时精密定位、广域实时精密定位、服务管理及事后高精度定位三个方面。其中区域实时精密定位与广域实时精密定位见表 3-2、表 3-3。

表 3-2　　　　　　　　　　　　北斗/GNSS 区域实时精密定位

项目	内容	指标	
覆盖范围	区域实时厘米级定位	系统基准站网覆盖区域及周边 30km 范围	
定位精度	区域（单频）	水平不超过±0.5m，垂直不超过±1.0m	初始化时间不超过 3min
	区域（多频）	水平不超过±0.05m，垂直不超过±0.10m	初始化时间不超过 2min
可用性		95.0%	卫星个数大于 4 颗
兼容性	卫星信号	北斗 B1、B2、B3；GPSL1、L2；GLONASSL1、L2	
	差分数据格式	RTCM2.3、RTCM3.1、RTCM3.2	
	接收机设备	北斗/GNSS 接收机（主流产品）	

注　1. 覆盖范围是指通信网络等增强信号发播系统可覆盖范围，为理论上的空间范围。

　　2. 精度数值为 1 倍中误差。

　　3. 可用性指标，不考虑通信网络可用性。

表 3-3   北斗/GNSS 广域实时精密定位

项目	内容		指标	
覆盖范围	广域实时米级定位		省市全区域及周边 300km 范围	
	广域实时分米级定位		省市全区域及周边 300km 范围	
定位精度	实时定位	广域（单频）	水平不超过 ±1m；高程不超过 ±2m	初始化时间不超过 1min
		广域（多频）	水平不超过 ±0.2m；高程不超过 ±0.4m	初始化时间不超过 5min
	基准站坐标监测		平面不超过 ±5cm	高程不超过 ±10cm
可用性	95.0%			卫星个数大于 4 颗
兼容性	卫星信号		北斗 B1、B2、B3；GPSL1、L2；GLONASSL1、L2	
	差分数据格式		RTCMSSR	
通信方式	实时用户		各通信服务商 2G/3G/4G 通信方式	

注   1. 覆盖范围是指通信网络等增强信号发播系统可覆盖范围，为理论上的空间范围。

        2. 精度数值为 1 倍中误差。

        3. 可用性指标，不考虑通信网络可用性。

3.2.2.3 变电站北斗地基增强在线监测系统

变电站北斗地基增强在线监测系统位置系统服务平台采用面向服务的设计结构（SOA），设计三层架构，包括基础设施层、平台运行层、应用服务层，图 3-15 为系统总体架构。

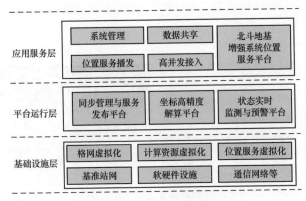

图 3-15   系统总体架构图

该系统由六个子系统组成：定位服务子系统、地图服务子系统、系统管理子系统、用户管理子系统、运行监控子系统和成果展示子系统，如图 3-16 所示。其中，定位服务子系统通过利用四川省北斗地基增强系统提供的不同精度类型的差分数据，以满足不同应用需求；地图服务子系统调用天地图服务，提供高性能的地图服务能力；系统管理子系统提供基础服务；用户管理子系统提供业务管理的 Web 页面；运行监控子系统监控系统运行状态并进行故障恢复和运维质量评价；成果展示子系统综合展示平台的运行维护和公共服务成果。该系统可提升应用服务的质量及使用体验。

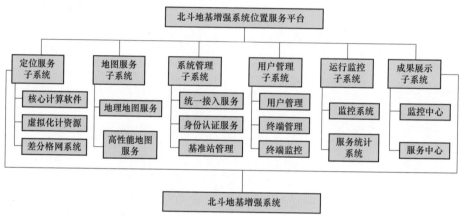

图 3-16　系统功能划分图

3.2.2.4　位置服务测试

在变电站检修作业中，对施工机械进行实际场地定位试验，记录辅助导航信息，测量施工机械直线跟踪偏差，对辅助导航结果进行分析。试验现场如图 3-17 所示。

图 3-17　某变电站场地试验过程

1. 试验过程

由驾驶人员手动操作检修车，沿长度为 30m 的矩形道路行驶，作为施工机械的直线跟踪区域。人工驾驶到作业起始点，设定以 6m 的起吊半径进行辅助导航作业，调整绑定在吊臂两端的北斗定位终端位置使其横向偏差为 30cm，航向偏差为 0°，分别以 0.4、0.8、1.2m/s 的行驶速度进行对直线路径的自动跟踪，通过轮胎印记中轴线与仿真系统中检修车中心线差值，作为测定横向偏差依据。

2. 试验结果分析

当速度为 0.4m/s 时，场地中的辅助导航追踪结果图如图 3-18 所示。

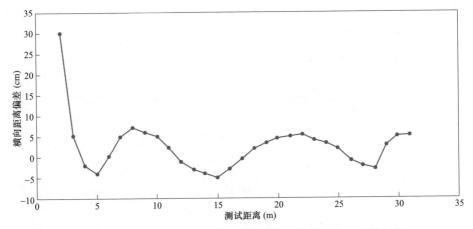

图 3-18　速度为 0.4m/s 时，试验场地中的辅助导航追踪结果图

当速度为 0.4m/s 时，田间地块中的辅助导航结果见表 3-4。

表 3-4　　　　　　　　　速度为 0.4m/s 时，场地试验中的辅助导航结果

试验场地	试验距离（m）	作业速度（m/s）	横向距离偏差（cm）		
			最大值	平均值	标准差
测量值	30	0.4	6.50	0.49	3.05

由图 3-18 可知，施工机械以 0.4m/s 的速度在试验场地中进行直线作业时，在初始偏差为 30cm 的情况下，首次作业至横向偏差至 0 后，最大横向偏差为 6.50cm，平均值为 0.49cm，标准差为 3.05cm。其结果表明施工机械在试验场地可以在有较大初始偏差的情况下通过不断更新北斗定位数据和视觉图片信息，

系统仿真轨迹与施工机械实际位置趋同。随着作业跟踪时间延长，仿真作业定位精度越发稳定，辅助导航效果可以很好满足要求。

当速度为 0.8m/s 时，场地中的辅助导航追踪结果图如图 3-19 所示。

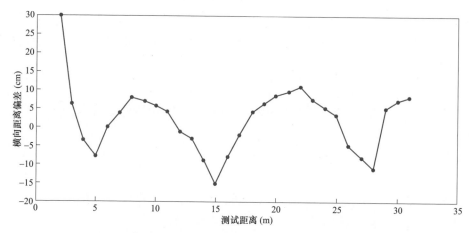

图 3-19　速度为 0.8m/s 时，试验场地中的辅助导航追踪结果图

当速度为 0.8m/s 时，辅助导航结果见表 3-5。

表 3-5　　　　　　　　速度为 0.8m/s 时，场地试验中的辅助导航结果

试验场地	试验距离（m）	作业速度（m/s）	横向距离偏差（cm）		
			最大值	平均值	标准差
测量值	30	0.8	15.70	0.87	5.98

由图 3-19 可知，施工机械以 0.8m/s 的速度在试验场地中进行直线作业时，在初始偏差为 30cm 的情况下，首次作业至横向偏差至 0 后，最大横向偏差为 15.70cm，平均值为 0.87cm，标准差为 5.98cm。在有较大初始偏差的情况下调节施工机械位姿，使得施工机械按照预计的轨迹行走。其结果表明施工机械在试验场地可以在有较大初始偏差的情况下通过不断更新北斗定位数据和视觉图片信息，系统仿真轨迹与施工机械实际位置趋同。随着作业跟踪时间延长，仿真作业定位精度越发稳定，辅助导航效果可以很好满足设计要求。

当速度为 1.2m/s 时，场地中的辅助导航追踪结果图如图 3-20 所示。

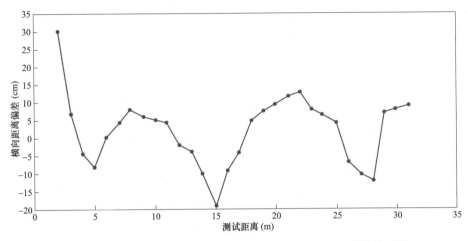

图 3-20 速度为 1.2m/s 时，试验场地中的辅助导航追踪结果图

当速度为 1.2m/s 时，辅助导航结果见表 3-6。

表 3-6 速度为 1.2m/s 时，场地试验中的辅助导航结果

试验场地	试验距离（m）	作业速度（m/s）	横向距离偏差（cm）		
			最大值	平均值	标准差
测量值	30	1.2	19.20	1.40	7.06

由图 3-20 及表 3-6 可知，施工机械以 1.2m/s 的速度在试验场地中进行直线作业时，在初始偏差为 30cm 的情况下，首次作业至横向偏差至 0 后，最大横向偏差为 19.20cm，平均值为 1.40cm，标准差为 7.06cm。其结果可基本满足辅助导航设计要求，但在辅助导航过程中出现小范围明显的波动，后续通过车轮印记分析，可知是施工机械在行驶过程中刹车转向导致，该偏差不影响仿北斗辅助视觉定位技术在仿真系统中的应用效果。

场地试验结果表明，施工机械分别以 0.4、0.8、1.2m/s 的速度行进试验时，横向偏差的最大值分别为 6.50、15.70、19.20cm，偏差平均值分别为 0.49、0.87、1.40cm，偏差标准差分别为 3.05、5.98、7.06cm。因此，试验中的定位精度高于单纯依靠北斗导航定位精度，可满足在作业环境下，仿真系统辅助导航的定位精度要求。

3.3 UWB 与视频联合定位技术

3.3.1 UWB辅助的主动视频定位技术

UWB 辅助的主动视频定位技术是将定位设备安装于穿戴设备上，以视觉定位技术为主，微惯性、超宽带等定位系统为辅的多传感器融合方式。考虑到作业人员在复杂、电磁干扰严重、多遮挡的环境中工作，UWB 辅助的主动视频定位技术需要对各传感器进行标定，使其在复杂的生产环境下具有较好的鲁棒性、容错性，并且具有长时间、长距离的作业能力。UWB 辅助的主动视频定位方案如图 3-21 所示。

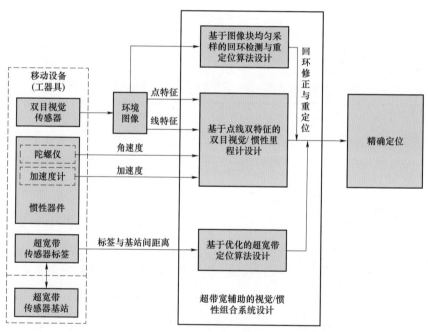

图 3-21 UWB 辅助的主动视频定位方案

在三维空间中，至少需要布置 3 个基站，这里使用 4 个基站能够取得较好的定位效果。根据基站与标签之间距离信息进行定位的方式其基本原理都是基于最小二乘法，构建距离差进行优化方程的建立，具体如下。

针对上述超宽带基站位置、测距信息及待求标签位置，可以构建如下残差

$$r_{\mathrm{U},i}(\hat{d}_k, p_{\mathrm{tag},k}^{\mathrm{W}}) = \hat{d}_{k,i} - \| p_{\mathrm{tag},k}^{\mathrm{W}} - A_i^{\mathrm{W}} \|_2 \tag{3-50}$$

式中：i 对应为第 i 个基站。

据此，能够以标签位置 $p_{tag,k}^W$ 为优化量，构建如下优化方程

$$F_{UWB,p} = \min_{p_{tag}^W} \sum_{i,k \in UWB} \rho \left[\| r_{U,i}(\hat{d}_k, p_{tag,k}^W) \|_{\Sigma_i^k}^2 \right] \tag{3-51}$$

式中：$\sum_i^k$ 为第 i 个基站与标签之间的测量协方差（可根据超宽带传感器参数设置，在超宽带定位系统中，将其均设为 0.001）。

同时，利用 Huber 核函数增加优化的鲁棒性。

不论是最小二乘法还是上述优化方程，对于任意一时刻标签的位置都只有基站与标签间测量距离的约束，如果测量值不准，很容易造成定位精度的下降。因此，考虑利用标签移动速度作为一个弱约束，增加两个连续时刻间标签位置的约束。具体优化方程如下

$$F_{UWB} = \min_{p_{tag}^W} \sum_{k \in UWB} \left\{ \sum_i \rho \left[\| r_{U,i}(\hat{d}_k, p_{tag,k}^W) \|_{\Sigma_i^k}^2 \right] + \rho(\| p_{tag,k+1}^W - p_{tag,k}^W \|_{\Sigma_{k+1}^k}^2) \right\} \tag{3-52}$$

式中：$\rho \left(\| p_{tag,k+1}^W - p_{tag,k}^W \|_{\Sigma_{k+1}^k}^2 \right)$ 为新增的两个连续时刻间标签位置的平滑约束。

通过其关于速度的协方差矩阵 $\sum_k^{k+1}$ 来对其进行加权

$$\sum_k^{k+1} = \frac{s}{\| V_{max} \|^2 \times \Delta t} \tag{3-53}$$

式中：V_{max} 为设置的最大载体最大速度；Δt 为 k 和 $k+1$ 时刻间的时间间隔。

由于该约束是一个弱约束，因此可以通过调节因子 s 调节其大小，减小其权重。

对于以上优化方程，同样采用基于滑动窗口的 Levenberg-Marquardt 方法对其进行优化，滑动窗口大小设为 20。而超宽带标签的初始位置，利用最小二乘法计算得到。

对于超宽带定位系统，利用载体速度对连续两个时刻间的载体位姿进行了弱约束，但是该约束并不完全准确。视觉/惯性组合系统的本质就是估计两个时刻间载体的相对位姿，它缺少的是载体位姿的全局约束，而超宽带定位系统则可以提供全局的位姿约束。因此，将这两种系统结合起来，设计视觉/惯性/超宽带的组合定位系统。

图 3-22 给出了视觉/惯性/超宽带组合系统的定位示意图。蓝色圆圈代表载体的位姿信息。深绿色的矩形代表超宽带传感器的基站，它们能够与载体上搭载的传感器标签进行通信，计算出基站与标签之间的距离。而黄色的六边形则

代表了两个时刻之间，由视觉/惯性组合系统提供的位姿约束。可以看到，该组合系统利用 W 坐标系下固定位置的超宽带基站对载体进行全局位置的约束，而通过视觉/惯性组合系统提供连续时刻载体间相对位姿的约束。整个组合系统的定位都以世界坐标系 W 为参考坐标系，而这里的每个时刻对应的是超宽带传感器的测量时刻。

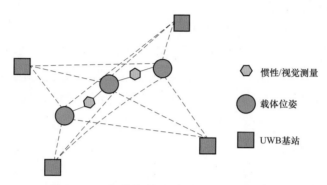

图 3-22　视觉/惯性/超宽带组合系统示意图

　　视觉/惯性/超宽带组合系统同样利用图优化的思想进行设计。整个位姿图里包含两种端点，一是固定的 UWB 基站的位置，二是载体的位姿。此外，位姿图里包含两种边，一种是 UWB 基站与载体之间的边，它们可以通过上面推导的 $r_{\mathrm{U},i}(\hat{\boldsymbol{d}}_k, \boldsymbol{p}_{\mathrm{tag},k}^{\mathrm{W}})$ 进行描述；另一种是两个连续时刻载体之间的边，它们通过相对位姿变化进行描述。

$$r_{\mathrm{VI},k} = \left[\begin{array}{c} \left[\hat{\boldsymbol{R}}_k^{\mathrm{N-1}} \left(\hat{\boldsymbol{p}}_{k+1} + \hat{\boldsymbol{R}}_{k+1}^{\mathrm{N}} \boldsymbol{p}_{\mathrm{U},0}^{\mathrm{N}} - \hat{\boldsymbol{p}}_k - \hat{\boldsymbol{R}}_k^{\mathrm{N}} \boldsymbol{p}_{\mathrm{U},0}^{\mathrm{N}} \right) \right] - \hat{\boldsymbol{R}}_k^{\mathrm{W-1}} \left(\boldsymbol{p}_{\mathrm{tag},k+1}^{\mathrm{W}} - \boldsymbol{p}_{\mathrm{tag},k}^{\mathrm{W}} \right) \\ \left(\hat{\boldsymbol{R}}_k^{\mathrm{N-1}} \hat{\boldsymbol{R}}_{k+1}^{\mathrm{N}} \right)^{-1} \left(\boldsymbol{R}_{\mathrm{tag},k}^{\mathrm{W}}{}^{-1} \boldsymbol{R}_{\mathrm{tag},k+1}^{\mathrm{W}} \right) \end{array} \right] \qquad (3-54)$$

式中：$\boldsymbol{p}_{\mathrm{tag},k}^{\mathrm{W}}$，$\boldsymbol{R}_{\mathrm{tag},k}^{\mathrm{W}}$，$\boldsymbol{p}_{\mathrm{tag},k+1}^{\mathrm{W}}$ 和 $\boldsymbol{R}_{\mathrm{tag},k+1}^{\mathrm{W}}$ 为需要估计的世界坐标系下的以超宽带标签为基准的载体的位姿；$\hat{\boldsymbol{p}}_k$，$\hat{\boldsymbol{R}}_k$，$\hat{\boldsymbol{p}}_{k+1}$ 和 $\hat{\boldsymbol{R}}_{k+1}$ 为视觉/惯性组合系统测量得到的导航坐标系下的载体位姿；$\boldsymbol{p}_{\mathrm{U},0}^{\mathrm{N}}$ 为起始时刻导航坐标系与超宽带标签坐标系之间的杆臂误差（它同样可以通过优化得到）；$r_{\mathrm{VI},k}$ 为视觉/惯性组合系统测量得到的连续两个时刻间的位值与姿态相对边缘与需要估计的世界坐标系下位姿变换的残差。

　　目的是估计出合适的世界坐标系下的载体位姿，能够使得该残差最接近零。根据以上分析，视觉/惯性/超宽带组合系统的优化状态量为

$$\boldsymbol{X}_{\mathrm{VIU}} = [\boldsymbol{p}_{\mathrm{tag},k}^{\mathrm{W}}{}^{\mathrm{T}}, \boldsymbol{p}_{\mathrm{tag},k+1}^{\mathrm{W}}{}^{\mathrm{T}}, \cdots, \boldsymbol{p}_{\mathrm{tag},k+n}^{\mathrm{W}}{}^{\mathrm{T}}, \boldsymbol{Q}_{\mathrm{tag},k}^{\mathrm{W}}{}^{\mathrm{T}}, \boldsymbol{Q}_{\mathrm{tag},k+1}^{\mathrm{W}}{}^{\mathrm{T}}, \cdots, \boldsymbol{Q}_{\mathrm{tag},k+n}^{\mathrm{W}}{}^{\mathrm{T}}, \boldsymbol{p}_{\mathrm{U},0}^{\mathrm{N}}{}^{\mathrm{T}}]^{\mathrm{T}} \qquad (3-55)$$

优化方程可以写成如下形式

$$F_{\text{VIU}} = \min_{X_{\text{VIU}}} \sum_{k \in \text{UWB}} \left[\sum_i \rho(\| r_{\text{U},i}(\hat{d}_k, p_{\text{tag},k}^{\text{W}}) \|_{\hat{d}_{\text{VI}}^k}^2) \right]$$ （3-56）

式中：$\hat{d}_{\text{VI}}^k$ 为视觉/惯性组合系统测量的协方差矩阵（根据其定位精度与经验值综合设定）。

在本书的系统中，将位置的 x 轴和 y 轴方向对应的协方差值设为 0.0001，将位置的 z 轴方向对应的协方差矩阵设为 0.00001，将姿态三个方向对应的协方差值设为 0.000001。而一旦相机失效，将位置三个方向对应的协方差矩阵值设为 0.0025。

同样，采用基于滑动窗口的 Levenberg-Marquardt 方法对其进行优化，滑动窗口大小设为 20。并且利用异常值剔除方法，当测距值被判断为异常值时，该距离不会被加入优化方程中。同样，超宽带标签的初始位置，利用最小二乘法计算得到。此外，视觉/惯性组合系统与超宽带传感器的输出频率并不一致，一般情况下，在组合系统中，使用的超宽带传感器的数据频率小于或等于视觉/惯性组合系统。并且它们很难做到时间上的绝对对齐。因此，以超宽带传感器的输出时刻为基准，对于某一基准时刻的视觉/惯性组合系统测量值，利用该时刻前后两帧的视觉/惯性组合的输出做线性插值获取。

每次进行优化时，滑窗内的 $\hat{p}_k^{\text{N}}$、$\hat{R}_k^{\text{N}}$ 等视觉/惯性组合系统的测量值均使用最新的估计值。每次优化结束后，根据估计出的 $p_{\text{tag},k}^{\text{W}}$、$R_{\text{tag},k}^{\text{W}}$ 和杆臂误差 $p_{\text{U},0}^{\text{N}}$ 以及视觉/惯性组合系统输出的 $\hat{p}_k^{\text{N}}$、$\hat{R}_k^{\text{N}}$ 能够计算出世界坐标系 W 与导航坐标系 N 之间的转换矩阵

$$T_{\text{N},K}^{\text{W}} = \begin{bmatrix} R_{\text{tag},k}^{\text{W}} & p_{\text{tag},k}^{\text{W}} \\ 0 & 1 \end{bmatrix} \begin{bmatrix} \hat{R}_k^{\text{N}} & \hat{p}_k^{\text{N}} + \hat{R}_k^{\text{N}} p_{\text{U},0}^{\text{N}} \\ 0 & 1 \end{bmatrix}^{-1}$$ （3-57）

对于超宽带传感器输出频率低于视觉/惯性组合系统的情况，能够将两个超宽带传感器测量时刻之间的视觉/惯性组合系统估计出的载体位姿、特征通过 $T_{\text{N},K}^{\text{W}}$ 转换到世界坐标系下，从而获得更高的世界坐标系下的输出频率。在系统运行结束时，对所有的载体状态进行一个全局的优化，从而估计出最为精确的 T_{N}^{W}，然后，将建立的点云通过 T_{N}^{W} 转换至世界坐标系下。

此外，当系统开始运行时，首先进行的是视觉/惯性组合系统的初始化，初始化完成后，视觉/惯性组合系统开始进行载体（以 IMU 坐标系为基准）在导航坐标系下的估计。与此同时，超宽带传感器也在不断地进行基站与标签之间的

测量。当视觉/惯性/超宽带组合系统设置的滑动窗口具有 20 帧时，视觉/惯性/超宽带组合系统开始进行优化，并实时估计出载体（以超宽带标签坐标系为基准）在世界坐标系下的位姿。图 3-23 给出上采用 UWB 与 UWB 辅助的主动视频定位两种方式的仿真试验，从图中可以出，UWB 辅助的主动视频定位优于单一UWB 定位方式，UWB 辅助的主动视频定位误差达到厘米级。

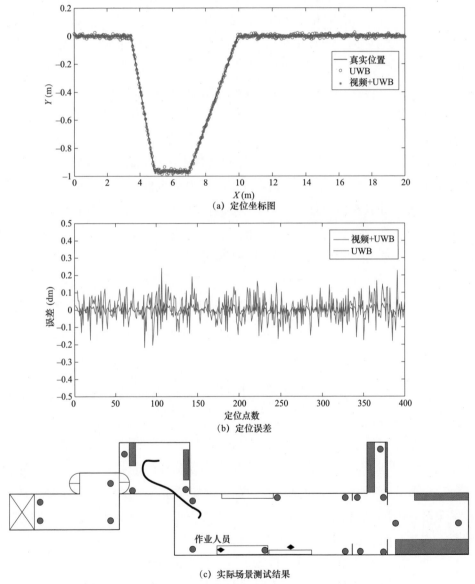

图 3-23　UWB 辅助的主动视频定位仿真与实际场景测试结果

3.3.2 融合UWB与视频信息的被动定位技术

对于不具备视觉功能的穿戴设备,可通过变电站安装的摄像机结合 UWB 技术实现对运动目标的定位。

为了提高定位的精度,构建顾及视觉尺度因子和初始方向的视觉/UWB 融合 EKF 定位模型,状态与量测方程分别表示为

$$X_{k+1} = \varphi X_k + w_k, w_k \sim N(0, Q_k) \tag{3-58}$$

$$Z_k = HX_k + \tau_k, \tau_k \sim N(0, R_k) \tag{3-59}$$

式中:X_k 和 Z_k 分别为状态方程和量测方程;w_k 和 τ_k 分别为协方差阵 Q_k 和 R_k 的独立、零均值、高斯噪声过程。

$$X = [x, y, v, \theta, s, \varphi]^T \tag{3-60}$$

式中:x、y 为平面坐标;v 为行人速度;θ 为移动方向角;s 为比例尺模糊度;φ 为视觉计算的平面坐标与 UWB 计算的平面坐标之间的偏转角。

根据视觉和 UWB 的误差方程,对应的状态模型为

$$\tilde{X}_{k+1} = \begin{bmatrix} 1 & 0 & \sin\theta & 0 & 0 & 0 \\ 0 & 1 & \cos\theta & 0 & 0 & 0 \\ 0 & 0 & 1 & 0 & 0 & 0 \\ 0 & 0 & 0 & 1 & 0 & 0 \\ 0 & 0 & 0 & 0 & 1 & 0 \\ 0 & 0 & 0 & 0 & 0 & 1 \end{bmatrix} \tag{3-61}$$

如果将视觉测得的位置、航向和 UWB 测得的位置作为观测值,则 UWB/视觉融合观测方程可表示为

$$\begin{bmatrix} X_{uwb} \\ Y_{uwb} \end{bmatrix} = \begin{bmatrix} 1 & 0 & 0 & 0 & 0 & 0 \\ 0 & 1 & 0 & 0 & 0 & 0 \end{bmatrix} X + e_{uwb} \tag{3-62}$$

$$\begin{bmatrix} X_{vision} \\ Y_{vision} \end{bmatrix} = \begin{bmatrix} \cos\varphi & -\sin\varphi & 0 & 0 & X_{vision} & 0 \\ \sin\varphi & \cos\varphi & 0 & 0 & Y_{vision} & 0 \end{bmatrix} X + e_{vision} \tag{3-63}$$

式中:X_{vision} 和 Y_{vision} 为视觉传感器测量的平面位置;X_{uwb} 和 Y_{uwb} 为 UWB 测量的平面位置;e_{vision} 为视觉传感器的位置测量误差;e_{uwb} 为 UWB 位置测量误差。

图 3-24 给出运动目标在室内采用 UWB 进行算法验证试验,实线为运动目标真实轨迹,蓝色圆为 UWB 定位的位置,红色雪花符号为 UWB 与视频主动定位的结果,从图 3-24 中可以看出 UWB 与视频主动最接近目标的真实位置,其定位精度高于单一 UWB 方式,展示了定位结果综合信息。以上说明,耦合算法

对图中的视觉位置误差进行了限制，解决了尺度模糊问题。表 3-7 中给出了运动目标部分真实坐标与定位坐标的误差，从表中可以看出，UWB 与视频主动定位距离误差小于 5cm，而 UWB 方式最大定位误差达到 13cm。试验结果说明，视觉信息有效地实现了对位置误差的限制，解决了 UWB 定位信息模糊问题，提高了定位精度。

表 3-7   各种定位方式坐标误差   单位：m

真实坐标	(3.23, 5.23)	(4.65, 4.84)	(9.02, 4.54)	(1.53, 7.38)	(3.94, 6.53)	(6.43, 4.53)
UWB 定位误差	0.12	0.09	0.13	0.09	0.12	0.08
UWB + 视频定位误差	0.04	0.03	0.05	0.04	0.03	0.03

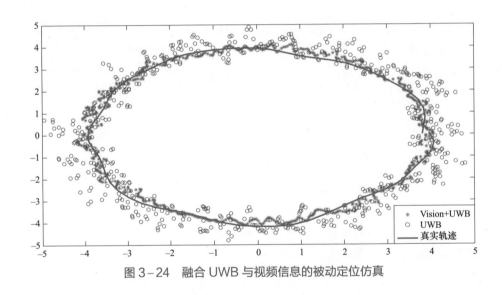

图 3-24   融合 UWB 与视频信息的被动定位仿真

4　基于机器视觉的危险态势感知技术

机器学习能够高效地实现数据分析，已应用于现代诸多行业领域。深度学习作为机器学习中的核心技术，在图像处理、语音识别、自然语言处理等多个领域，均取得不错的效果。将深度学习运用到危险态势感知方面，能够丰富安全管理手段，提高安全检查的能力，减少安全事故的发生，避免不必要的损失。

4.1 基于 FairMOT 框架的入侵识别技术

在电力作业场景中，违章行为是一个严重威胁安全的问题。目前有多种违章行为监测技术手段，但缺乏准确率高、漏报率低的有效技术。视频监控系统是一种有效的解决方案，可直观查看现场情况并储存证据。在复杂作业场景中，深度学习框架可以解决电力作业场景中的违章行为识别问题。

4.1.1 FairMOT基本网络框架

FairMOT 在深度聚合网络（DLA）的基础上引入了更多的跳级连接和可变形卷积，以实现动态调整感受和提取精准的身份嵌入向量和目标中心对齐的能力。该网络由编码−解码网络、检测分支和行人再识别分支三部分组成。编码−解码网络用于编解码输入图像以获得高质量的特征图，进行检测和行人再识别；检测分支用于回归行人的中心点热图、包围框尺寸以及中心点偏移量，以此获得监控视频每一帧中行人的包围框；行人再识别分支用于获取检测分支中每一个行人的特征编码，以此来匹配连续帧中的相同行人，FairMOT 基本框架如图 4−1 所示。

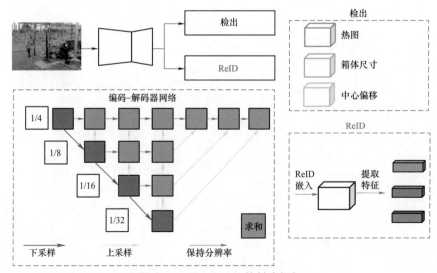

图 4−1　FairMOT 的基本框架

FairMOT 由编码－解码网络、检测分支与行人再识别分支组成。编码解码网络为 DLA3，其树形结构使得网络在前向过程中不断融合浅层的特征图，实现了低级特征和高级特征之间的跳级连接，从而使得特征图中包含丰富的小目标特征信息，解码器在解码过程中不断融合编码器中特征，使得特征图中浅层信息较为丰富；检测分支为无锚的检测器，它通过建模行人包围框来确定行人的中心点，以及使用中心点到行人包围框的偏移量来表示行人的包围框。检测分支中包含三个目标头，分别用于回归中心点热图、包围框尺寸以及中心点偏移量；行人再识别分支旨在提取检测分支中每一行人的外观特征，以此来进行后续的外观匹配，再识别分支可以理解为将数据集中的所有行人进行分类，从而得到每一个行人独有的特征。

4.1.2 FairMOT跟踪流程

FairMOT 的跟踪流程如图 4－2 所示，对于输入的每一帧图像，首先根据检测分支回归得到的中心点热图、包围框尺寸、中心点偏移量得到所有行人的包围框。过滤掉置信度较低的包围框，再识别分支得到每一个包围框对应的特征向量。

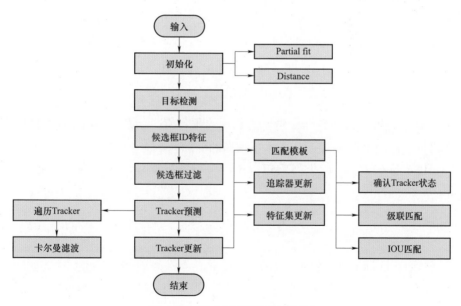

图 4－2　FairMOT 跟踪流程图

采用卡尔曼滤波根据行人在当前帧的位置预测行人在下一帧的位置，通过卡尔曼滤波可以引入行人的运动信息。卡尔曼滤波分为预测与更新两个阶段：

预测阶段负责对目标状态的均值与协方差进行预测；更新阶段负责通过观测值反馈调节预测阶段的估计值。FairMOT 的跟踪流程选取的状态变量为 $x = [u, v, r, h, u, v, r, h]$，$(u, v)$ 表示行人的中心点坐标，r、h 表示包围框的长和高，后四个分量为前四个分量的速度分量。在网络得到目标在下一帧的真实位置后，采用匈牙利算法进行两轮匹配。首先使用再识别分支得到的特征进行外观层面的匹配，然后使用目标之间的 IOU 值进行距离层面的匹配。匹配过程使用余弦相似性，余弦相似性的公式如下

$$\text{similarity} = \cos(\theta) = \frac{A \cdot B}{\| A \| \cdot \| B \|} \tag{4-1}$$

通过两轮匹配将连续帧中的同一行人进行关联，完成跟踪流程。

4.1.3 损失函数

周界入侵检测模型的训练损失函数由三部分组成，分别为热图损失、包围框损失以及再识别损失三部分，计算如下

$$L_{\text{all}} = L_{\text{heat}} + L_{\text{box}} + L_{\text{identity}} \tag{4-2}$$

式中：L_{all} 为总体损失；L_{heat} 为热图损失；L_{box} 为包围框损失；L_{identity} 为再识别损失。

热图损失 L_{heat}（用于训练中心点热图）为 Focalloss，计算如下

$$L_{\text{heat}} = -\frac{1}{N} \sum_{xy} \begin{cases} (1 - \hat{M}_{xy})^{\alpha} \log(\hat{M}_{xy}) & M_{xy} = 1 \\ (1 - M_{xy})^{\beta} (\hat{M}_{xy})^{\alpha} \log(1 - \hat{M}_{xy}) & \text{其他} \end{cases} \tag{4-3}$$

式中：M_{xy} 为热图的真实值；$\hat{M}_{xy}$ 为热图的预测值；α, β 为 Focalloss 的预定参数（可以平衡回归热图时正负样本不均衡的问题）。

包围框损失 L_{box}（用于回归包围框的中心偏移量与尺寸）为 l_1 损失，计算如下

$$L_{\text{box}} = \sum_{i=1}^{N} \| o^i - \hat{o}^i \|_1 + \lambda_s \| s^i - \hat{s}^i \|_1 \tag{4-4}$$

对于每一个目标框定义为 $b^i = (x_1^i, y_1^i, x_2^i, y_2^i)$；$s^i$ 为包围框尺寸的真实值，$s^i = (x_2^i - x_1^i, y_2^i - y_1^i)$；$\hat{s}^i$ 为预测值；目标框中心点为 (c_x^i, c_y^i)；o^i 为中心点偏移量的真实值，$o^i = (c_x^i / 4, c_y^i / 4) - ([c_x^i / 4], [c_y^i / 4])$；$\hat{o}^i$ 为预测值。

再识别损失 L_{idenity}（用于训练再识别嵌入）为交叉嫡损失，计算如下

$$L_{\text{identity}} = -\sum_{i=1}^{N}\sum_{k=1}^{K}L^{i}(k)\log[p(k)] \qquad (4-5)$$

式中：$L^{i}(k)$ 为类别的真实值；$p(k)$ 为预测值。

4.1.4 试验分析

选取了变电站真实数据中的行人图像，并对基于深度学习的 FasterRCNN 和 CMR 方法以及传统方法的 LOBSTER 进行了对比试验，如图 4-3 和表 4-1 所示。试验结果表明，本书提出的方法检测结果更为稳定。此外，在与最为先进的目标跟踪算法（Bytetrack）对比时，本书的 FairMOT 方法在铁路真实数据中对于小目标的检测性能表现出优越性，可以取得更好的结果。

表 4-1　　　　　　　　　　不同方法在铁路真实数据中的表现

方法	FairMOT	FasterRCNN	LOBSTER	Bytetrack
电力作业人员目标	0.91	0.89	0.71	0.90

图 4-3　变电站入侵检测

4.2　基于部分亲和字段的 OpenPose 电力作业人员姿态估计网络

针对电力作业现场作业人员行为检测速度慢的问题，本书主要介绍了基于轻量化的 OpenPose+SVM 变电站作业人员姿态估计网络。以自底而上的 OpenPose 姿态估计网络为基础网络，将算法中原有深层网络卷积结构（VGG）特征提取网络层替换成深度可分离卷积层，使整个网络结构轻量化，对提取的骨骼关节点进行优化处理，使得关节点信息更加准确，采用支持向量机（SVM）分类器对作业人员行为进行识别分类。

4.2.1　OpenPose与部分亲和字段姿态估计技术

1. OpenPose 姿态估计技术

OpenPose 人体姿态估计是一种自底向上关键点检测方法，通过部分亲和字段算法完成人体关节点检测和关节点与关节点之间的连接。OpenPose 的输入是一幅人体姿态的图像，输出是该算法检测到的所有人体的骨骼图。人体骨骼图共提取 18 个关节，包括眼睛、鼻子、手臂和腿等，如图 4–4 所示为 18 个关节点，图 4–5 为作业人员的骨骼关节点图。

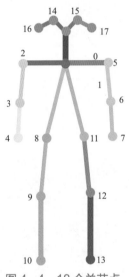

图 4–4　18 个关节点

图 4–5　作业人员的骨骼关节点图

0—鼻子；1—脖颈；2—左肩；3—左肘；4—左腕；
5—右肩；6—右肘；7—右腕；8—左胯；9—左膝；
10—左踝；11—右胯；12—右膝；13—右踝；
14—左眼；15—右眼；16—左耳；17—右耳

OpenPose 以 caffe 为框架，能够实现对人体的姿态、面部表情以及手指等相关运动识别，对多人的二维识别有极好的鲁棒性，且具有识别效果精准、速度高等特点。OpenPose 外部网络结构图如图 4–6 所示。

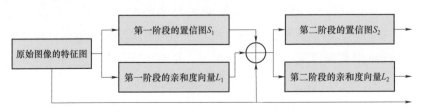

图 4–6　OpenPose 外部网络结构图

该模型分为两个阶段对人体的关节点进行识别，图 4-7 为 L 和 S 的模型结构图。第一阶段：VGG 的前 10 层用于为输入图像创建特征映射 F（feature map）；第二阶段：将第一阶段输出得到的特征图作输入，包括两个分支多阶段卷积神经网络迭代训练，其中第一个分支输出结果为 S 的集合 $S=\{S_1,S_2,\cdots,S_j\}$，其中 $j\in\{1,2,\cdots,j\}$ 表示每一个关节点，这一分支用来预测人体关节点位置信息的一组 2D 置信图（part confidence map，PCM），另一个分支输出结果为 L 的集合 $L=\{L_1,L_2,\cdots,L_c\}$，$c\in\{1,2,\cdots,c\}$，c 表示每一个躯干，用来预测部分亲和度的 2D 矢量场，表示关节与关节之间的局部区域亲和力 PAFs。

$$\begin{cases} S^1=\rho^1(F) \\ L^1=\phi^1(F) \end{cases}$$

$$\begin{cases} S^t=\rho^t(F,S^{t-1},L^{t-1}) & \forall t\geq 2 \\ L^t=\phi^t(F,S^{t-1},L^{t-1}) & \forall t\geq 2 \end{cases} \qquad (4-6)$$

式中：ρ^1 和 ρ^t 为第一阶段和第 t 阶段 PCM 的预测网络；ϕ^1 和 ϕ^t 为第一阶段和第 t 阶段 PAFs 的预测网络。

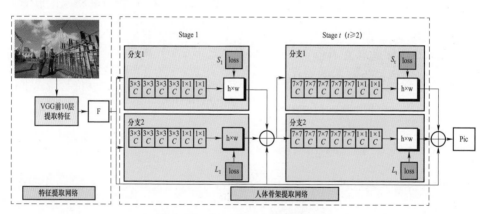

图 4-7　OpenPose 模型结构图

每个阶段都是一些串行的模块，前一阶段先检测出一些简单的关键点，下一个阶段再根据前面检测出来的信息继续检测更复杂情况下的关键点，如此通过多阶段的卷积神经网络的反复预测，实现渐进优化的过程，使得到的预测结果更加准确。

2. 基于部分亲和字段的人体关节点检测技术

局部区域亲和算法在整个网络模型中的主要作用是对人体关节点之间的相互连接计算，得到组成人体的候选肢体的置信度。与当前广泛应用的数学建模方式一致，关节点的预测被看作置信度图回归的问题，而置信度图上的像素值则表示该人体图上关节点 p 的概率值，其表达式为

$$S_{j,k}^* = \exp\left(-\frac{\|p - x_{j,k}\|^2}{\sigma^2}\right)$$ （4−7）

式中：$S_{j,k}^*$ 表示第 k 个人的第 j 个关节点的置信图；$x_{j,k}$ 表示第 k 个人的第 j 个关节点的真实坐标信息。

真实置信度图的预测采用最大值运算方式，即

$$S_j^*(p) = \max_k S_{j,k}^*(p)$$ （4−8）

对于提取电力作业人员的关节点是非常简单的事情，只需要通过一些特征提取即可实现。但最主要的问题是如何判断哪些关节点是属于同一个体的，并将属于同一个体的关节点进行匹配连接，在多人情况下，如何正确地将关节点匹配到个体上，从而正确连接成完整的人体骨骼图。

部位亲和场网络用来描述关节点与关节点之间的关联，保存其位置信息和方向信息。p 点位于 j_1 到 j_2 方向的平面向量上，故 j_1 和 j_2 的向量和为该点的关节点亲和场值（本质上是一组对图片中肢体位置和躯干方向编码的 2D 矢量场）。$L_{c,k}^*(p)$ 表示在像素点 p 上是否存在第 k 个人的肢干 c，如果存在，则肢干 c 的单位向量 v 为该值；否则该值为 0。其计算公式为

$$L_{c,k}^*(p) = \begin{cases} v & \text{if } p \text{ on limb } c,k \\ 0 & \text{其他} \end{cases}$$ （4−9）

式中：v 为肢体方向上的单位向量。

$$v = \frac{(x_{j_2,k} - x_{j_1,k})}{\|x_{j_2,k} - x_{j_1,k}\|_2}$$ （4−10）

式中：$x_{j_1,k}$ 和 $x_{j_2,k}$ 为图中人物 k 的肢干 c 的身体节点 j_1 和 j_2 的真实位置。

部分亲和场网络置信度的计算过程如图 4−8 所示。

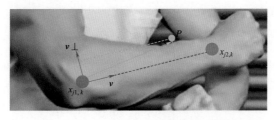

图 4−8　OpenPose 肢体亲和度计算

通过对肢体上一个点的亲和度计算无法判断骨骼关节点之间的连接是否有效，而积分运算可以得到相应关节点连线之间的具体值，从而判定关节点 d_{j_1} 和关节点 d_{j_2} 之间的 PAFs 是否为正确连接的关节点。如果与关键点的连线方向越接近，则得到的值越大，相应的关键点正确连接的可能性就越高，表达式为

$$E=\int_{u=0}^{u=1}L_c\left[p(u)\right]\times\frac{d_{j_1}-d_{j_2}}{\mid d_{j_2}-d_{j_1}\mid_2}\mathrm{d}u \qquad （4-11）$$

式中：d_{j_1} 和 d_{j_2} 为两个连续的像素点；$p(u)$ 为连续像素点之间的像素点。

$$p(u)=(1-u)d_{j_1}+d_{j_2} \qquad （4-12）$$

OpenPose 采用自底向上方法，优先检测出人体的所有关节点信息，然后对这些关节点进行重新组合，将属于同一个体的所有关节点按照自然排列的方式连接。由于检测的图像人数未知，选择好的关节点预测方法是连接关节点必不可少的一部分，所以在人体姿态估计过程中不能采用遍历的方式对所有关节点进行重组得到最优的匹配方案。

在较为复杂情况下，通过距离关系对关节点进行聚类的方法无法精准预测出关节点，OpenPose 首先利用最大二分图匹配算法来实现各关节点之间的连接，然后提取候选肢体置信度值最大的方案。匈牙利算法是整个网络模型中完成最大二分图匹配算法的核心部分，由此完成关节点间的连接。其算法结构示意图如图 4-9 所示。

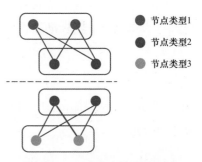

图 4-9　不同节点的连接方式

4.2.2　一种轻量化的部分亲和字段的OpenPose姿态识别网络

1. 深度可分离卷积

虽然 OpenPose 人体姿态估计算法的整体性能表现较优，能够较为精准地实现对电力现场作业人员的骨骼关节点进行检测，但是 OpenPose 网络模型使用的 VGG 特征提取网络卷积层较多，其参数量十分庞大，故存在计算成本较高、功耗较大等缺点。为减少网络模型的计算量，节约计算成本，这里建立轻量化 OpenPose 姿态估计算法，将特征提取网络 VGG 更改为 MobileNet 轻量级网络，通过引入深度可分离卷积（depthwise separable convolutions）实现

OpenPose 人体姿态估计网络的参数轻量化，网络对作业人员骨骼提取速度更快、效率更高。

MobileNet 轻量级神经网络将标准卷积变为深度分离卷积，这种卷积公式模型计算量较小，适用于嵌入式设备和移动终端。相比普通卷积计算公式，其参数量更小、计算效率更高。图 4-10 表示标准卷积与深度分离卷积。

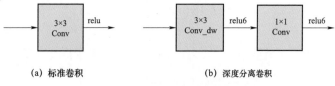

(a) 标准卷积   (b) 深度分离卷积

图 4-10   标准卷积与深度分离卷积

深度分离卷积包括深度卷积（depthwise convolutions）和逐点卷积（pointwise convolutions）两部分，用来提取特征信息。为进一步降低网络的参数量，采用深度可分离卷积对每个 3×3 的卷积核进行卷积。相比普通的特征提取网络，它具有更小的计算量和更低的运算成本。通常，普通卷积网络的计算量与输入图像大小、卷积核大小、步长和填充因子有关，图 4-11 表示标准卷积核结构。假定卷积步长为 1，则标准卷积核的计算量 C_{conv} 为

$$C_{conv}=D_K \times D_K \times M \times N \times D_F \times D_F \tag{4-13}$$

式中：F 为输入大小为 $D_F \times D_F \times M$ 的特征图；D_F 为输入特征图的宽度；M 为输入通道数；N 为输出通道数；K 为大小为 $D_K \times D_K \times M \times N$ 的卷积核；D_K 为卷积核的宽。

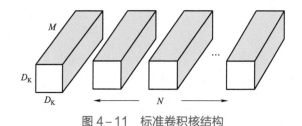

图 4-11   标准卷积核结构

图 4-12 表示深度卷积结构，其中，深度卷积的通道进行卷积时，每个通道仅对应一个卷积核，其结果不进行累加计算，每个卷积核的通道数为 1，而全过程产生的特征图的通道数与 F 的输入通道数 M 相等，卷积核 K 的大小为 $D_K \times D_K \times M$。深度卷积层的计算量 C_{dw} 为

$$C_{dw} = D_K \times D_K \times M \times D_F \times D_F \qquad (4-14)$$

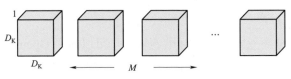

图 4-12 Depthwise 卷积核结构

深度可分离卷积的逐点卷积结构如图 4-13 所示,其运算方式与常规的卷积运算非常相似,逐点卷积主要功能是在深度方向上结合前一层的特性图,并对其进行更新,使得输入层的图像特征都能够在输出的特征图中体现出来,其卷积核的数量与输出特征图的数量一致。卷积核的尺寸为 $1\times1\times M$,逐点卷积层的计算量 C_{pw} 为

$$C_{pw} = M \times N \times D_F \times D_F \qquad (4-15)$$

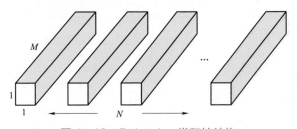

图 4-13 Pointwise 卷积核结构

综上可知,深度分离卷积的计算量为 $C_{dw} + C_{pw}$,故可以得出标准卷积的计算量 C_{conv} 与深度分离卷积的计算量 $C_{dw} + C_{pw}$ 的关系为

$$
\begin{aligned}
P &= \frac{C_{dw} + C_{pw}}{C_{conv}} \\
&= \frac{D_K \times D_K \times M \times D_F \times D_F + M \times N \times D_F \times D_F}{D_K \times D_K \times M \times N \times D_F \times D_F} \\
&= \frac{1}{N} + \frac{1}{D_K^2}
\end{aligned} \qquad (4-16)
$$

从式(4-16)可以看出,计算量 P 的大小主要与 D_K^2 有关,一般而言,采用的标准卷积核的大小为 3,其计算量大约为深层分离卷积层计算量的 10 倍,采用深层分离卷积可以有效地减少网络模型的参数。由此可以看出,深度分离卷积计算参数量更小且计算效率更高,分析对比网络的模型结构

和表现性能，深度分离卷积更适用于实现复杂电力作业现场工作人员姿态估计。

2. 基于深度可分离卷积的 MobileNet 特征提取网络

采用深度可分离卷积层代替标准卷积层，可以减小 OpenPose 姿态估计网络模型对电力作业人员的骨骼关节点检测的参数量和计算量，从而减少网络运行成本。MobileNet 网络作为深度可分离卷积的代表性网络，在 ImageNet 分类任务中检测精度达到 70.6%，其准确率较 VGG 仅减少 0.9%，略低于 VGG 模型的检测精度，但 MobileNet 网络模型的参数量为 VGG 的 1/32。MobileNet 网络凭借着深度可分离卷积计算量和参数量小的优势，被成功引入到 OpenPose 网络模型中，用于检测电力作业现场作业人员图像的特征提取，以达到作业人员姿态的实时检测的效果。MobileNet 模型的网络结构层和标准卷积网络结构层见表 4-2。

表 4-2　　　　　　　　　标准卷积网络结构和 MobileNet 网络结构

标准卷积层	MobileNet 卷积层
3×3 卷积层	3×3 深度卷积层
	Batch Normalization 批归一化
Batch Normalization 批归一化	Relu 激活函数
	1×1×128 逐点卷积层
Relu 激活函数	Batch Normalization 批归一化
	Relu 激活函数

由表 4-2 可知，标准卷积网络通常在卷积层之后直接添加 Batch Normalization 批归一化和 Relu 激活函数。而 MobileNet 的网络结构被分为深度卷积层和逐点卷积层两部分，这两部分都在后续引入了 Batch Normalization 批归一化层和 Relu 激活函数层。OpenPose 姿态估计网络前 10 层为 3×3 的标准卷积对图像特征进行提取。改进后的网络第一层通过标准卷积对特征进行提取，随后深度分离卷积与标准卷积间隔交替进行，分别采用尺寸大小为 3×3 和 1×1 的卷积核，当网络模型深度增加时，卷积核的个数也随着网络层数的增加而变多。LW-OpenPose 姿态估计网络模型的主干网络结构见表 4-3。

表 4-3　　　　　　　　　　　　　　改进后的主干网络结构

类型/步长	卷积核	输入尺寸
Conv/s2	3×3×3×32	512×512×3
Conv dw/s1	3×3×32	256×256×32
Conv/s1	1×1×32×64	256×256×32
Conv dw/s2	3×3×64	256×256×64
Conv/s1	1×1×64×128	128×128×64
Conv dw/s1	3×3×128	128×128×128
Conv/s1	1×1×128×128	128×128×128
Conv dw/s2	3×3×128	128×128×128
Conv/s1	1×1×128×256	64×64×128
Conv dw/s1	3×3×256	64×64×256

3. 骨骼关键点的优化

试验过程中的数据来自电力作业现场的监控视频。首先对采集到的监控视频进行处理，剪裁最前面部分还未出现电力工人作业的视频帧以及最后部分工人离开后的电力作业现场的视频帧，然后将提取采集的视频中的电力作业人员的骨骼关节点位置信息进行保存，而 OpenPose 姿态估计网络的输出数据类型为JSON 文件格式，需要将 JSON 文件格式转换为 CSV 文件格式并保存，读取 JSON文件的全部内容，截断其第一行作为头文件，将得到的数据采用列表的形式封装保存后，写入 CSV 文件中。获取的数据包括 "nose_x" "nose_y" "neck_x" "neck_y" "Rshoulder_x" "Rshoulder_y" 等 18 个关节点的横纵坐标值，共计36 个数据值。表 4-4 展示了第 750 帧到 755 帧图像中检测的骨骼关节点坐标信息。

表 4-4　　　　　　　　　　　　　　骨骼关节点坐标信息

关节点	第 750 帧		第 751 帧		第 752 帧		第 753 帧		第 754 帧		第 755 帧	
0	0.35	0.33	0.35	0.29	0.37	0.29	0.35	0.29	0	0	0.35	0.29
1	0.4	0.46	0.4	0.46	0.38	0.46	0.38	0.46	0.38	0.46	0.38	0.46
2	0.37	0.46	0.35	0.46	0.35	0.46	0.33	0.46	0.44	0.46	0.31	0.46
3	0.31	0.69	0.31	0.69	0.29	0.69	0.29	0.65	0	0	0.27	0.65
4	0.27	0.78	0.27	0.78	0.26	0.78	0.26	0.82	0	0	0.24	0.82

续表

关节点	第750帧		第751帧		第752帧		第753帧		第754帧		第755帧	
5	0.44	0.46	0.44	0.49	0.44	0.49	0.44	0.49	0.31	0.46	0.44	0.49
6	0.48	0.72	0.48	0.72	0.46	0.72	0.46	0.72	0	0	0.48	0.72
7	0.46	0.88	0.46	0.91	0.44	0.88	0.44	0.88	0	0	0.44	0.88
8	0.33	0.91	0.33	0.91	0.33	0.91	0.31	0.91	0.29	0.95	0.29	0.91
9	0.37	1.11	0.33	1.11	0.31	1.11	0.29	1.11	0.27	1.11	0.27	1.11
10	0.46	1.34	0.35	1.4	0.35	1.4	0.31	1.37	0	0	0.35	1.37
11	0.4	0.91	0.4	0.91	0.38	0.95	0.38	0.95	0.38	0.95	0.38	0.95
12	0.37	1.11	0.35	1.11	0.35	1.14	0.37	1.11	0.37	1.14	0.37	1.14
13	0.35	1.4	0.42	1.34	0.35	1.4	0.37	1.4	0.35	1.4	0.37	1.4
14	0.33	0.29	0.35	0.29	0.35	0.26	0.35	0.26	0.35	0.26	0.35	0.26
15	0.35	0.29	0.35	0.33	0	0	0.37	0.29	0	0	0.37	0.29
16	0.33	0.29	0.31	0.29	0.32	0.29	0	0	0.4	0.33	0.31	0.29
17	0.38	0.29	0.37	0.33	0	0	0.35	0.33	0.35	0.33	0.4	0.29

电力作业现场工作人员完成作业时会出现外部环境干扰和肢体相互遮挡等检测较为复杂的情况，此时被遮挡的人体关节点容易出现丢失的情况，导致检测时关节点的信息不完整，使得最终的检测结果不准确。针对这一类复杂的问题，本算法对检测的人体骨骼关节点进行补齐处理并对检测的结果进行优化。由于作业人员在进行任务操作时的动作具有连续性，短时间内不会发生较为剧烈的动作变化，故检测的骨骼关节点也同样具有连续性。

本节通过利用人体骨骼关节点的连续性特点，对由于遮挡而导致关节点位置信息缺失的问题进行优化处理。其优化过程主要包括以下两点：

第一点，确定主关节点。对电力作业人员关节点进行检测时，确定主关节点。由18个人体骨骼关节点可以看出，脖子处于人体肢体的枢纽位置，作为主要关节点，故将其确定为主关节点。如果在电力作业现场检测视频中，所有帧画面中都未能识别检测到该个体的主关节点，则丢弃该个体发生的动作，并根据检测到的脖子数再次确认此时电力作业现场作业人员的数量。

第二点，对确定的关节点做补全处理。当有环境干扰、肢体间相互遮挡情况时，会出现检测到的电力作业现场作业人员某个关节点信息丢失的情况，此时检测到的位置坐标为(0,0)，则根据前一帧和后一帧检测到的关节点位置信息

进行均值计算，得到当前帧出现丢失的关节点坐标信息，其计算公式为

$$x_i = \frac{x_{i-1} + x_{i+1}}{2} \tag{4-17}$$

$$y_i = \frac{y_{i-1} + y_{i+1}}{2} \tag{4-18}$$

式中：x_i、y_i 为第 i 帧图像中的关节点横坐标和纵坐标位置信息。

如果出现第一帧和最后一帧人体画面缺失的现象，无法检测到关节点，则直接对第一帧和最后一帧做删除处理。表 4-5 为第 750 帧到 755 帧图像中优化后的关节点坐标信息。

表 4-5　　　　　　　　　　　优化后的骨骼关节点坐标信息

关节点	第 750 帧		第 751 帧		第 752 帧		第 753 帧		第 754 帧		第 755 帧	
0	0.35	0.33	0.35	0.29	0.37	0.29	0.37	0.29	0.36	0.29	0.35	0.29
1	0.4	0.46	0.4	0.46	0.38	0.46	0.38	0.46	0.38	0.46	0.38	0.46
2	0.37	0.46	0.35	0.46	0.35	0.46	0.33	0.46	0.44	0.46	0.31	0.46
3	0.31	0.69	0.31	0.69	0.3	0.69	0.29	0.65	0.28	0.65	0.27	0.65
4	0.27	0.78	0.27	0.78	0.26	0.78	0.26	0.82	0.25	0.82	0.24	0.82
5	0.44	0.46	0.44	0.49	0.44	0.49	0.44	0.49	0.31	0.46	0.44	0.49
6	0.48	0.72	0.48	0.72	0.46	0.72	0.46	0.72	0.47	0.72	0.48	0.72
7	0.46	0.88	0.46	0.91	0.44	0.88	0.44	0.88	0.44	0.88	0.44	0.88
8	0.33	0.91	0.33	0.91	0.33	0.91	0.31	0.91	0.29	0.95	0.29	0.91
9	0.37	1.11	0.33	1.11	0.31	1.11	0.29	1.11	0.27	1.11	0.27	1.11
10	0.46	1.34	0.35	1.4	0.3	1.4	0.31	1.37	0.33	1.37	0.35	1.37
11	0.4	0.91	0.4	0.91	0.38	0.95	0.38	0.95	0.38	0.95	0.38	0.95
12	0.37	1.11	0.35	1.11	0.35	1.14	0.37	1.11	0.37	1.14	0.37	1.14
13	0.35	1.4	0.42	1.34	0.3	1.4	0.37	1.4	0.35	1.4	0.37	1.4
14	0.33	0.29	0.35	0.29	0.35	0.26	0.35	0.26	0.35	0.26	0.35	0.26
15	0.35	0.29	0.35	0.33	0.36	0.31	0.37	0.29	0.37	0.29	0.37	0.29
16	0.33	0.29	0.31	0.29	0.32	0.29	0.36	0.31	0.4	0.33	0.31	0.29
17	0.38	0.29	0.37	0.33	0.36	0.33	0.35	0.33	0.35	0.33	0.4	0.29

4. 基于关节点的 SVM 姿态识别

为了进一步简化网络，对提取的骨架进行 SVM 分类。将所有标记好的正样本和负样本通过数据训练得到 SVM 分类器，依此类推，直至所有的样本数据类

别都被遍历完成，最后的样本类别个数会决定 SVM 分类器的个数。

假定有训练样本数据集 $(x_1,y_1),(x_2,y_2),\cdots,(x_i,y_i)$，其中 $x_i \in \mathbb{R}^d$，$y_i \in (-1,+1)$，y 为正类样本和负类样本，且都为线性可分的，即存在超平面方程如式（4-19）所示。

$$\boldsymbol{\omega}^{\mathrm{T}}\boldsymbol{x} + \boldsymbol{b} = 0 \qquad (4-19)$$

式中：$\boldsymbol{x}$ 为输入向量；$(\boldsymbol{\omega},\boldsymbol{b})$ 为超平面的参数；$\boldsymbol{\omega}$（$\boldsymbol{\omega} = [\theta_1,\cdots,\theta_n]^{\mathrm{T}}$）为权重系数；$\boldsymbol{b}(b = \theta_0)$ 为偏置项；$\boldsymbol{\omega}^{\mathrm{T}}$ 为 $\boldsymbol{\omega}$ 的转置。

训练确定超平面的两个参数后，得到支持向量机模型算法。最优超平面的求解问题就可以变成二次规划可解的最优化问题。

$$\min_{\boldsymbol{\omega},b} \frac{1}{2}\|\boldsymbol{\omega}\|^2 \qquad (4-20)$$

$$\text{s.t. } y_i(\boldsymbol{\omega}^{\mathrm{T}}x_i + \boldsymbol{b}) \geqslant 1 \ (i=1,2,\cdots,N) \qquad (4-21)$$

在不等式的约束条件下，通过拉格朗日法对其求解，其表达式为

$$L(\boldsymbol{\omega},\boldsymbol{b},\alpha) = \frac{1}{2}\|\boldsymbol{\omega}\|^2 - \sum_{i=1}^{N}\alpha_i[y_i(\boldsymbol{\omega}x_i + \boldsymbol{b})-1] \qquad (4-22)$$

对式（4-22）中的 $\boldsymbol{\omega}$ 和 $\boldsymbol{b}$ 求偏导，并令其等于 0 可以得到

$$\begin{cases} \boldsymbol{\omega} = \sum_{i=1}^{N}\alpha_i y_i x_i \\ \sum_{i=1}^{N}\alpha_i y_i = 0 \end{cases} \qquad (4-23)$$

将式（4-23）代入式（4-24）中，将原问题简化为对偶问题，具体表达式如下

$$\max L_d = \sum_{i=1}^{N}\alpha_i - \frac{1}{2}\sum_{i,j=1}^{N}\alpha_i\alpha_j y_i y_j x_i x_j \qquad (4-24)$$

$$\text{s.t. } \sum_{i=1}^{N}\alpha_i y_i = 0, \alpha_i \geqslant 0 \ (i=1,2,\cdots,N) \qquad (4-25)$$

由此完成了对这个问题的建模，式（4-25）则表示支持向量机的一般模型。基于 OpenPose + SVM 的作业人员的行为识别流程如图 4-14 所示。首先对采集到的电力作业现场作业人员的视频帧图像进行预处理，然后采用改进后的特征提取网络实现对工作人员的图像外部特征提取，通过两个分支网络实现对作业人员的关节点置信图预测，以及关节点之间的部分亲和力连接预测，从而生成

作业人员的骨骼图，最后采用 SVM 分类器对电力作业人员的姿态进行识别。

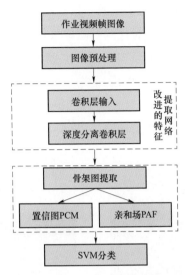

图 4-14　基于 OpenPose+SVM 的作业人员的行为识别流程图

4.2.3　试验结果与分析

1. 试验环境

目前，TensorFlow 神经网络框架由于具备可扩展、兼容性等优势，被广泛应用在深度学习等学术科研领域中。本次试验在 Windows10 系统专业版（64 位）服务器下进行操作，将深度学习的开源框架 TensorFlow 作为构建电力作业人员姿态估计网络的框架。通过调用 Python 环境下的各种学习包，对试验进行训练和测试，用到的软件为 Pycharm2019，采用 Python3.7 的框架。硬件环境：处理器 Intel (R) Core (TM) i5-12400F（运行内存为 32GB），具体版本及参数见表 4-6。

表 4-6　　　　　　　　　　　试验软硬件版本及参数

软硬件名称	版本或参数	数量
操作系统	Microsoft Windows 10 专业版（64 位）	1
处理器	Intel (R) Core (TM) i5-12400F	1
内存	32GB	1
图形处理器（GPU）	GTX 3060Ti	4
硬盘	1TB	1

2. 试验数据集及评价指标

本试验使用的训练数据集为拍摄的一组视频，每隔 25 帧截取一张，将视频流切割为 1888 张视频帧图像，对视频帧图像采用图像增广扩充等处理方式，增加训练样本个数，使训练数据集产生与原始视频帧图像类似的数据。从而能够达到扩充训练数据集的效果，对图像做增广处理，可以减小模型对某些特定属性的依赖作用，从而使模型的泛化能力得到提高。本试验采用对图像进行左右翻转、平移等方法来实现数据集的扩充。图 4-15 为图像进行扩充后的示意图。

（a）原始图像　　　　　　　　　（b）翻转的图像

图 4-15　训练图像的数据增强

数据集中共有 18 个关键点（包括鼻子、眼睛、左右手和左右脚等关键点）。通过 (x, y) 的坐标来表示关节点的位置信息，将提取到的关键点信息保存为 train.txt 文本文件，通过脚本文件将读取到的关键点信息转换为 CSV 格式，保存在 train.csv 文件中。最后对骨骼关节点信息和关节点之间连接信息的数据集进行训练。

将具有不同宽高比的图像缩放为相同单位，对采集到的骨架关键点信息错误的情况做删除处理。最后得到 3775 张图片作为人体关键点行为识别的训练数据集，使用电力作业现场工人的图片作为测试数据集。

本次试验主要使用两个评价指标，包括关键点相似度（OKS）和关键点准确检测的比例（PCK）。

（1）关键点相似度是对人体姿态估计时，判断关节点是否正确检测的评判依据，其表达式为

$$\text{OKS}_p = \frac{\sum_i \left[\exp\left(-\frac{d_i^2}{2s^2\sigma_i^2}\right) \delta \right]}{\sum_i \delta} \quad v_i > 0 \qquad (4-26)$$

其中

$$S = \sqrt{(y_2 - y_1)(x_2 - x_1)}$$

式中：p 为真正意义上的人体标记点；i 为真实关节点的数字编号；d_i 为数字编号为 i 的真实点到预测点的欧氏距离；S 为检测到的实际标记面积的平方根，即人的尺度因子（其值越小则代表效果越好）；σ_i 为人体关节点归一化因子（通过对所有数据集中人工标注与真实值存在的标准偏差，该值的大小受预测离散程度的影响，反映出当前骨骼关节点在标注时的标准差，σ_i 值越大表示关节点的标注越困难）；v_i 为人体的关节点是否出现遮挡情况（当 $v_i=0$ 时，表示该关节点未标注；当 $v_i=1$ 时，表示该关节点标注了但是出现遮挡情况；当 $v_i=2$ 时，则表示该关节点标注了并且可见）；δ 为只计算被标记且未出现遮挡情况的可见关节点。

对于每个关节点，预测关键点相似度的大小都在 $[0,1]$ 中。当 OKS $=1$ 时，表示预测的人体关节点与标记的真实点完全相同，即完美预测；当所有的关节点的偏移超过标准差时，即人体关节点的预测值与真实标记值差距过大，则当 OKS 接近于 0，$v_i=0$ 时，未标注的关节点 OKS 值的大小不影响。人体骨骼关节点检测中的平均精确度（average precision，AP）计算公式如式（4-27）所示，给定不同的 OKS 阈值 s，得到不同的 AP 值。假定当前 OKS $>s$，则人体关节点检测成功；若当前 OKS $<s$，则关节点检测失败。而关节点检测成功的数量占所有的人体关节点检测数量的比值，即 OKS $>s$ 的数量所占的比例值表示平均精确度 AP。当阈值 $s \in [0.5,0.95]$，间隔每 0.05 取 10 个阈值，分别计算 AP 值，将各阈值下求出的平均精确度进行累加，最后再用平均值获得平均精度均值（mean average precision，mAP），其计算式如下

$$\text{AP}_s = \frac{\sum_p \delta(\text{OKS}_p > s)}{\sum_p} \qquad (4-27)$$

$$\text{mAP} = \text{mean}\left[\text{AP}@(0.50:0.05:0.95)\right] \qquad (4-28)$$

（2）关键点准确检测的比例表示在人体姿态关节点检测过程中，被正确检测的关节点所占百分比，评估检测时直接判断预测值和标记值的欧氏距离是否位于某个特定的阈值内，PCKh@0.5 代表设定阈值大小为头部长度的 50%，PCK@0.2 代表设定阈值大小为躯干长度的 20%。在运算过程中，对网络模型运

算量评测时的评价指标包括浮点运算数（floating-point operations，FLOPs），用来度量模型运算的复杂性，其定义公式如下

$$FLOPs = H \times W \times n \times (2 \times K \times K \times c - 1) \tag{4-29}$$

$$Parameters = n \times (K \times K \times c) \tag{4-30}$$

式中：$K \times K$ 为卷积核尺寸大小；$H \times W \times n$ 为输出特征图的大小；c 为输入通道数；n 为输出通道数。

3. 试验结果分析

总的数据集分为两组：训练的数据占 90%，验证的数据占 10%。通过基于 OpenPose 姿态估计算法对骨骼信息数据做处理，实现对电力作业现场的工作人员姿态估计分析。采用自适应学习率的 Adam 优化算法，动态调整每个参数的学习率，通过多次试验和对参数的训练，最后选取准确率和损失率最佳的一组参数：批处理量 batch_size 为 32，迭代次数（epoch）为 1000。训练过程中的平均损失值和准确率如图 4-16 所示。

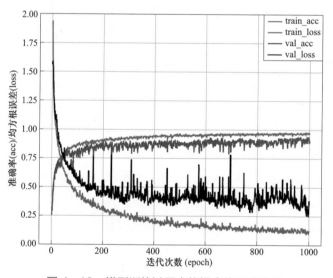

图 4-16 模型训练过程中的损失值和准确率

由图 4-16 可知，模型训练过程中，随着训练的迭代次数增加，训练损失值逐渐减小，且在 epoch 为 600~800 时趋于平滑状态。

将该网络模型训练后生成的新的权重文件保存为 New_model.h5，并且对训练好的模型进行测试，采用 PCKh 测量人体肢体部位的平均精确度，选择关节点的 PCKh@0.5 和关节点的准确度作为评价标准，试验对比了本书设计的轻量化 LW-OpenPose 人体姿态估计算法和其他较为重要的方法的性能。表 4-7 对比了

不同模型对部分关节点检测的精确度和平均精确度。

表 4-7　　　　　　　改进前后关节点检测精确度结果对比

模型	脖颈（%）	肩部（%）	肘部（%）	腕部（%）	胯部（%）	膝盖（%）	脚踝（%）	mAP（%）
Deepcut	73.4	71.8	67.9	67.9	76.7	64.0	80.5	71.7
Deepercut	87.9	84.0	71.9	63.9	78.8	63.8	81.6	76.0
简谐运动（SHM）	88.3	85.3	73.2	62.1	77.2	65.4	85.0	76.6
OpenPose	91.0	87.2	82.3	72.9	74.1	71.9	67.4	78.0
Simple Baseline	92.1	88.3	87.2	81.2	84.4	87.1	86.2	86.6
神经网络（HRNet）	93.0	87.2	88.3	82.9	89.1	91.9	87.4	88.5
LW-OpenPose	96.2	94.3	89.2	81.6	90.9	92.4	89.2	90.5

　　试验结果证明，基于 OpenPose 人体姿态估计模型在对电力作业人员的脖颈、肩部、肘部和腕部等主要关节部位检测识别的精确度都有所提升。较原始的 OpenPose 姿态估计模型分别提高了 5.2%、7.1%、6.9% 和 8.7% 等，其平均精确度提高了 12.5%；与当前最有效的 HRNet 模型相比较，其平均精确度提高了 2%。由此证明，本书设计的轻量化 LW-OpenPose 的人体姿态估计算法有效地提高了检测准确率，缩短了人体骨骼关节点的检测时间，验证了 LW-OpenPose 人体姿态估计算法的有效性。

　　为了验证本书所设计的 OpenPose 网络模型的泛化性和识别能力，选取评价指标 AP 值、参数量在 COCO 数据集上进行试验验证，对比其他几种较为经典的姿态估计算法，测试结果见表 4-8。

表 4-8　　　　　　不同模型在 COCO 数据集上的试验结果对比

模型	AP（%）	AP^{50}（%）	AP^{75}（%）	AP^M（%）	AP^L（%）	参数量（MB）
Deeppose	71.1	79.3	75.7	69.2	71.4	30.2
实例分割算法（Mask RCNN）	74.6	80.9	80.2	70.2	79.1	29.2
Simple Baseline	79.0	83.6	81.9	76.8	79.8	34.0
OpenPose	80.2	86.2	79.1	71.0	80.8	29.1
RMPE	82.3	85.2	79.3	72.2	81.0	28.1
LW-OpenPose	86.4	88.7	85.4	78.5	87.2	8.2

由表4-8可以看出，在COCO试验数据集上进行检测的精确度普遍偏低，姿态估计较困难，其主要原因是COCO关键点数据中包含较多的人体肢体部位的不完整的图像数据集，且图像中存在的个体尺寸大小不统一。将LW-OpenPose人体姿态估计算法与其他较为经典的姿态估计算法相比较，从表中分析可知，本试验建立的轻量化 LW-OpenPose 人体姿态估计算法在保证精确度最高的同时，其参数量也最低，相比于OpenPose算法，其平均精确度提高了6.2%，参数量降低了 20.9MB。在 OKS 设置为 0.5 时的平均精确度即 AP^{50} 的值时，LW-OpenPose 姿态估计算法模型比 Deeppose 模型和 Mask RCNN 模型的平均精确度分别高 9.4%、7.8%，其模型参数量分别减少了 22、21MB。AP^M 和 AP^L 表示输入中等尺寸的图像和输入大尺寸图像时所对应的 OKS 阈值计算而得的平均精确度，由上表中分析可以得出，本书设计的轻量化 LW-OpenPose 姿态估计算法较 RMPE 模型算法在 AP^M 和 AP^L 上分别提高了 6.3%和6.2%，且参数量降低了 19.9MB。由此可以证明，本书设计的轻量化 LW-OpenPose 姿态估计算法模型在不丢失电力作业人员图像信息的基础上，减少了网络的参数量和运行量，不仅节约成本，并且其准确率和平均精确度都有所提高。图4-17展示了对电力作业人员检测的直观测试结果图。

由图4-17可以看出，基于 LW-OpenPose 的电力作业人员骨骼检测能够准确的识别出作业人员的骨骼关节点，并且正确地实现关节点之间的连接，提取其骨骼关键点，使姿态识别过程中行为检测更准确。

（a）作业人员姿态估计结果1

图4-17 电力作业人员骨骼测试结果图（一）

（b）作业人员姿态估计结果 2

（c）作业人员姿态估计结果 3

图 4-17 电力作业人员骨骼测试结果图（二）

本试验通过 OpenPose 对作业人员的姿态骨架进行提取后，建立支持向量机的行为识别网络模型，从而对电力作业场景下的工作人员的动作进行分类识别。本试验分别对 SVM 算法、OpenPose+SVM 算法以及 LW-OpenPose+SVM 算法进行检测，在同一状态下的电力作业场景中，对比作业人员的行为识别过程中分类识别的精确度、运行时间和浮点运算次数。其试验结果见表 4-9。

表 4-9 不同算法模型的试验结果对比

模型算法	精确度（%）	运行时间（s）	浮点运算次数 FLOPs（G）
SVM	69.20	7.52	—
OpenPose+SVM	91.40	17.50	7.88
LW-OpenPose+SVM	90.50	8.25	3.23

由表 4-9 中的试验结果可以看出，由于作业现场环境较为复杂，作业人员部分肢体容易出现被遮挡的情况，故直接采用传统的支持向量机的方法对作业人员行为识别的准确度较低。采用 OpenPose 姿态估计算法对工人的姿态骨架进行提取后，能够有效避免此类问题的出现，较传统的支持向量机精确度提高22.2%，但其浮点运算较大、检测时间较长。由此将 MobileNet 轻量级网络作为 OpenPose 人体姿态估计算法中的特征提取网络，其运行时间大大缩减，较 OpenPose+SVM 模型算法降低至 8.25s，浮点运算数减少 4.65G，LW-OpenPose+SVM 模型的检测精确度较 OpenPose+SVM 模型算法仅降低 0.9%，但对比 SVM 模型算法精确度提高 21.3%。由此可以证明，本书设计的轻量化LW-OpenPose+SVM 模型整体性能表现最优，能够更为准确地对电力作业现场的作业人员行为进行检测，并且具有运行时间短的优点，能快速地识别作业人员行为动作，从而实现对作业人员和电力作业系统的实时监管。

4.3　基于姿态感知与迁移学习的作业人员穿戴识别

4.3.1　基于姿态感知与迁移学习的残差设计

穿戴识别网络由人形姿态感知与穿戴识别两个阶段组成，如图 4-18 所示。网络将 VGG 堆叠网络与分裂–转换–聚合技术引入到残差网络中，构建ResNeXt 50 作为基础网络，并利用 ResNeXt 50 不同深度层次的残差图像特征实现人形骨架估计与边缘检测，从而定位穿戴设备的关键局部区域，以缩小穿戴设备搜寻的范围。穿戴局部关键区域特征与全局特征的提取采用引入注意力

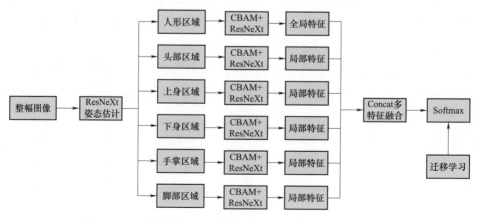

图 4-18　基于姿态感知与迁移学习的穿戴识别的网络结构

模块 CBAM 的 ResNeXt 50 网络，并通过 Concat 层将局部特征与全局特征融合，将融合的特征图通过 softmax 层来实现穿戴设备的识别。另外，针对训练样本数量不够的缺点，本书引入迁移学习的方法，即在保持预训练网络的中低层网络参数不变的情况下，仅对顶层 softmax 层进行迁移学习修正。

4.3.2　ResNeXt50基础网络的构建

深度残差网络（ResNet）虽然解决了网络加深造成的梯度弥散问题，但是随着超参数数量的增加，网络的复杂度和计算开销也会增加。相应的研究表明，将 VGG 堆叠网络与分裂－转换－聚合（spli-transfer-aggregation，STA）技术相结合，在不增加参数复杂度的前提下可以减少超参数的数量，同时提高网络识别的准确率。图 4 – 19（a）给出了输入与输出通道都为 256 的 ResNet 模块，其依次进行 1×1、3×3、1×1 的卷积。图 4 – 19（b）为图 4 – 19（a）对应的 ResNeXt 网络模块，ResNeXt 模块通过分裂 32 个卷积路径 group，在聚合输出与 ResNet 模块相同的输出，且运算复杂度与 ResNet 模块相近。

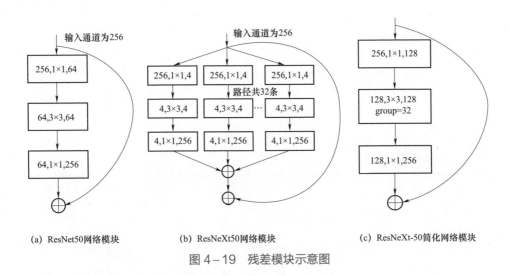

(a) ResNet50网络模块　　(b) ResNeXt50网络模块　　(c) ResNeXt-50简化网络模块

图 4 – 19　残差模块示意图

ResNeXt 模块分裂－转换－聚合用数学表示为

$$F(x) = \sum_{i=1}^{D} T_i(x) \qquad (4-31)$$

式中：x 为通道的输入；$T_i(x)$ 为第 i 条卷积路径的传递函数；D 为卷积路径数。

根据式（4 – 31）可以得出残差输出方程

$$y = x + \sum_{i=1}^{D} T_i(x) \qquad\qquad (4-32)$$

ResNeXt 的每条卷积路径的 T_i 都具有相同的拓扑结构。借助 AlexNet 网络 grouped convolutions 的思想，通过限制本层卷积核和输入通道的卷积，得到更简洁的 ResNeXt 模块，如图 4-19（c）所示。图 4-19（c）将 32 个 group，每个 group 的输入/输出 channels 都是 4，最后把 channels 合并。简化的 ResNeXt 模块，可以减少计算量，获得相同的输出的同时，速度更快。这里在 ResNet50 的基础上引入分裂-转换-聚合结构，构建 ResNXt50 见表 4-10。

表 4-10   ResNeXt50 简化网络结构

层名	输出尺寸	卷积核尺寸，通道数，步长
第一层卷积	112×112	7×7，步长为 2
最大池化	112×112	3×3，步长为 2
第二层卷积	56×56	$\begin{bmatrix} 1\times1,128 \\ 3\times3,128,基数=23 \\ 1\times1,256 \end{bmatrix} \times 3$
第三层卷积	28×28	$\begin{bmatrix} 1\times1,256 \\ 3\times3,256,基数=23 \\ 1\times1,512 \end{bmatrix} \times 4$
第四层卷积	14×14	$\begin{bmatrix} 1\times1,512 \\ 3\times3,512,基数=23 \\ 1\times1,1024 \end{bmatrix} \times 6$
第五层卷积	7×7	$\begin{bmatrix} 1\times1,1024 \\ 3\times3,1024,基数=23 \\ 1\times1,2048 \end{bmatrix} \times 3$
平均池化层	1×1	7×7，softmax 函数

4.3.3   基于ResNeXt网络穿戴区域检测

ResNeXt50 不同深度卷积层输出不同的深度的图像特征。ResNeXt50 的低层输出高分辨图像结构信息的特征图像，高层输出包含丰富的语义信息的特征图像。借助于残差网络人体关键节点估计的方法，这里将构建的 ResNXt50 模块的平均池化和全连接层删除，将 Res2-Res4 输出的特征图送入特征聚合模块（feature aggregation，FA）进行特征融合。FA 模块由上采样（upsampling）模块与聚合模块（concatenation）模块组成，upsampling 模块由 K 分组反卷积层实现，产生一个包含 K 个激活图的集合（$\{A_1, A_2, \cdots, A_K\}$），送入 concatenation 模块聚合得到边缘图。将 Res5 输出的语义特征图送入由二级反卷积模块组成的姿态解码（pose encoder，PoE），便可得到姿态关键节点图，整个过程如图 4-20 所示。

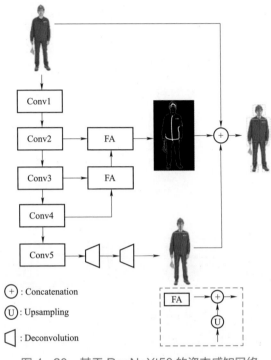

图 4-20　基于 ResNeXt50 的姿态感知网络

将人体区域标定 15 个关键点类型，从而得到人体骨架图，如图 4-21 所示。关键节点与边界图可分别定义为 $\boldsymbol{p} = (\boldsymbol{p}_1^{\mathrm{T}}, \boldsymbol{p}_2^{\mathrm{T}}, \cdots, \boldsymbol{p}_k^{\mathrm{T}})$、$\boldsymbol{q} = (\boldsymbol{q}_1^{\mathrm{T}}, \boldsymbol{q}_2^{\mathrm{T}}, \cdots, \boldsymbol{q}_n^{\mathrm{T}})$，其中 $\boldsymbol{p}_i^{\mathrm{T}}$ 与 $\boldsymbol{q}_i^{\mathrm{T}}$ 分别表示第 i 个关键点的坐标值 (x_i, y_i) 与第 j 个边界点的坐标值 (x_i, y_i)。人形穿戴区域的划分为头部区域、上身区域、下身区域、手掌区域与脚部区域。

各区域截取矩形框坐标表示为 $b_k = (b_o, b_w, b_h)$，其中 $b_o = (b_x, b_y)$ 为矩形框中心。对于头部区域、上身区域与下身区域，b_o 值是该区域的骨架质心。b_w、b_h 为矩阵的长与宽，其长宽初始值分别由这区域内骨架最小横坐标与最大横坐标的差值和最小纵坐标与最大纵坐标之差决定，并逐步扩大截取矩形框，实现对区域边界图像的外接。对于手掌区域与脚部区域的截取，通过手腕（图 4-21 中 8、11 点）与脚腕的骨架点（图 4-21 中 14、15 点）确定截取的外沿矩阵的中心，通过边缘

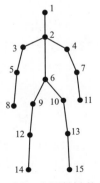

图 4-21　人形关键节点图

图像产生外接手掌与脚部的矩阵框。另外，为防止误差造成截取的遗漏，设置截取矩形边与边缘区域像素点的最小距离为2。

4.3.4 基于CBAM+ResNeXt特征提取与识别网络

CBAM 是一种结合了空间（spatial）和通道（channel）注意力的轻量级模块，沿着空间和通道两个维度依次推断出注意力权重，实现对特征进行自适应调整，更加有效地表征目标的本质特征。作业人员穿戴服饰具有多样性的特点（如各种各样的颜色、材质、款式等）。为了提高穿戴设备的准确性，同时避免增加额外的训练开销，将 CBAM 无缝地集成到 ResNeXt 的上一个特征层最后一个卷积模块与下一个特征层第一个卷积模块之间中，如图 4-22 所示。

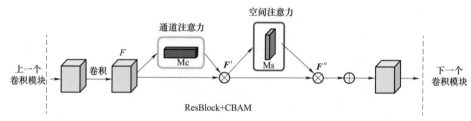

图 4-22　嵌入到 ResNeXt 网络的 CBAM 模块

对于上一残差层的特征图像（feature map），CBAM 将按顺序推理出通道注意力特征图（channel attention map）以及空间注意力特征图（spatial attention map），如图 4-23 和图 4-24 所示，整个过程如下

$$F' = M_c(F) \otimes F \qquad (4-33)$$

$$F'' = M_s(F') \otimes F' \qquad (4-34)$$

其中　　　　$F \in \mathbb{R}^{C \times H \times W}$，$M_c \in \mathbb{R}^{C \times 1 \times 1}$，$M_s \in \mathbb{R}^{1 \times H \times W}$

式中：$\otimes$ 为 element-wise multiplication，即对应位置的元素相乘。

残差卷积神经网络的每个通道传递的信息并不是都有用。通道注意机制模块通过增加有效通道的权重，减少无效通道的权重，实现有效特征的加强。通道注意力特征图 M_c 可表示为

$$M_c(F) = \sigma\{\mathrm{MLP}[\mathrm{AvgPool}(F)] + \mathrm{MLP}[\mathrm{MaxPool}(F)]\} \qquad (4-35)$$

式中：AvgPool 与 MaxPool 分别为平均池化与最大值池化；σ 为 Sigmoid 函数。

池化输出的矢量送入 MLP 多次多层感知机，最后逐个元素求和得到通道特征图。

图 4–23　通道注意力模块

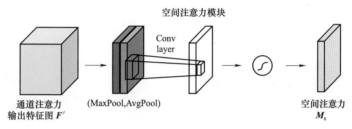

图 4–24　空间注意力模块

将通道模块输出的特征图作为本模块的输入特征图。首先做一个基于通道的全局最大值池化和全局平均值池化，将这 2 个池化结果做基于通道的 concat 操作。然后，经过一个 7×7 卷积操作后，经过 sigmoid 生成 spatial attention feature。最后将该 feature 和该模块的输入 feature 做乘法，得到最终生成的特征 M_s 如下

$$M_s(F') = \sigma\{\mathrm{cov}[\mathrm{AvgPool}(F');\mathrm{MaxPool}(F')]\} \qquad (4-36)$$

对于残差网络，在训练过程中通常需要上百万张标注图像。本书的穿戴识别网络由姿态感知残差网络与局部特征提取残差网络两部分组成。姿态感知残差网络可以通过现有开源的人体图像数据库进行训练。作业人员穿戴识别 CBAM＋ResNeXt 残差网络的训练，需要大量作业服饰图片数据集，目前没有开源的安全帽、工作服、绝缘鞋等服饰的数据集，自行收集并且标注上百万的作业服饰图片用于残差网络模型的训练不够现实的，这里将迁移学习技术应用于 CBAM＋ResNeXt 网络训练中。

迁移学习考虑到训练模型任务之间的相关性，对先前任务学习到的知识进行微小的调整以适应当前的新任务，从而解决当前任务很难获取到大量数据集的问题。这里采用 ImageNet 图像数据库中 120 万标注图片对 CBAM＋ResNeXt 残差网络进行训练，得到穿戴识别预训练网络。接下来冻结预训练网络的全部卷积层，利用收集并标注的穿戴设备图像仅对顶层部分参数进行训练并微调。

这里迁移学习包括加载预训练模型、特征提取、Softmax回归三个步骤，具体实现流程如图 4-25 所示。

Softmax 实现多分类迁移回归，对于迁移学习训练集 $\{(x_1,y_1),(x_2,y_2),\cdots,(x_m,y_m)\}$ 有 k 个类别，x_i 为输入数据，y_i 为类别标签。Softmax 回归将输入数据 x_i 归属于 j 类的概率矩阵为

$$p(y_i = j | x_i;\theta) = \frac{e^{\theta_j^T x_i}}{\sum_{l=1}^{K} e^{\theta_l^T x_i}} \tag{4-37}$$

θ 的代价函数为

$$L(\theta) = -\frac{1}{m}\left(\sum_{i=1}^{M}\sum_{j=1}^{K} 1\{y_i = j\} \log \frac{e^{\theta_j^T x_i}}{\sum_{l=1}^{K} e^{\theta_l^T x_i}} \right) \tag{4-38}$$

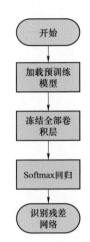

图 4-25　穿戴设备识别
迁移学习过程

式中：$1\{\bullet\}$ 为示性函数。

通过梯度下降法求解 $L(\theta)$，实现对参数 θ 的估计。在迁移学习中，标注的穿戴设备样本数有限，拟合参数数量非常大。为保证拟合的准确性，这里在损失函数后面加上一个正则项，通过惩罚过大的参数值来修改代价函数，代价函数定义为

$$L(\theta) = -\frac{1}{m}\left(\sum_{i=1}^{M}\sum_{j=1}^{K} 1\{y_i = j\} \log \frac{e^{\theta_j^T x_i}}{\sum_{l=1}^{K} e^{\theta_l^T x_i}} \right) + \lambda \sum_{i=1}^{K}\sum_{j=1}^{N} \theta_{ij}^2 \tag{4-39}$$

令 $\lambda > 0$，代价函数 $L(\theta)$ 为一个严格的凸函数，可以通过梯度下降法确保代价函数收敛于全局最优解。迁移学习 Softmax 回归模型通过以下梯度下降法极小化损失函数获得

$$\frac{\partial L(\theta)}{\partial \theta_j} = -\frac{1}{m}\left\{ \sum_{i=1}^{M}\sum_{j=1}^{K} x_i [1\{y_i = j\} - p(y_i = j | x_i;\theta)] \right\} + \lambda \theta_j \tag{4-40}$$

4.3.5　试验结果与分析

姿态感知网络的训练采用 COCO2017 数据集，该数据集包含 45 万张关键点标注的人体实例图像。CBAM+ResNeXt 特征提取与识别网络采用 ImageNet 数

据库中 120 万张标注图片进行预训练。需识别的穿戴用品包括安全帽、安全带、工作衣裤、手套、工作鞋，如图 4-26 所示。针对穿戴设备图片不足的问题，这里采用爬虫技术收集，并采用 labelimg 软件进行标注。为了增强模型的泛化能力，这里对迁移学习数据集进行图像缩放、长宽扭曲、色域扭曲等处理。一共选择 3500 张图像用于迁移学习所需的数据集并将数据集按 8:1:1 的比例分成训练集、交叉验证集、测试集。

试验中的客观评价指标采用各种穿戴用品的识别精确率（average precision，AP）与平均精确率（mean average precision，mAP）。

图 4-26　作业穿戴用品/安全工器具图片

将本项目网络分别与 SSD、ResNet50、Inception-v3 网络进行对比分析，以验证本项目基于姿态感知与迁移学习的残差网络的优越性。对比网络在预训练网络的基础上，采用同样的迁移学习方式对顶层进行修正，并在相同的数据集上进行对比试验。

表 4-11 网络参数对比表给出了 4 种网络的模型参数与进行单帧图像（图像大小为 $512 \times 512 \times 24$bit）穿戴识别所耗的平均时间，从表 4-11 可以看出，本书模型参数量极大地降低，单帧所耗的平均时间最少，相较于 SDD、ResNet50 和 Inception-v3 单帧所耗的平均时间分别下降了 0.06、0.02、0.17s。分析其原因，虽然本书网络采用两级网络，但第一级姿态感知网络实现人形姿势的感知，并利用人形的特点确定穿戴设备区域；第二级特征提取与识别网络在确定的穿戴目标区域进行特征提取与识别，大大减少了锚框进行回归与目标识别的时间。而其他网络在整个图像区域对多个穿戴目标进行搜索识别，运算量较大。因此，本书网络运算量最低，降低了对硬件运算能力的要求。

表 4-12 给出 4 种网络在相同的测试数据集上识别的 AP 与 mAP。从表中可

以看出，本书网络在穿戴各种穿戴设备的识别的精确率（AP）以及穿戴设备的识别平均精确率（mAP）都明显高于其他网络。说明在确定的穿戴识别区域，采用引入注意力的轻量级模块 CBAM 的残差网络，有效地表征了穿戴设备的本质特征，从而提高穿戴设备的识别的准确性。

表 4-11　　　　　　　　　　　网 络 参 数 对 比 表

检测模型	单帧图像平均时间（s）	参数量（MB）
SSD	0.52	257
ResNet50	0.48	226
Inception-v3	0.63	323
本书模型	0.46	209

表 4-12　　　　　　　　不同网络识别穿戴设备的平均精确率

识别率	SSD	ResNet50	Inception-v3	本书
工作衣 AP	0.80	0.82	0.88	0.94
工作裤 AP	0.79	0.81	0.83	0.93
安全带 AP	0.82	0.84	0，87	0.94
工作鞋 AP	0.78	0.81	0.82	0.89
手套 AP	0.77	0.80	0.82	0.90
安全帽 AP	0.84	0.85	0.90	0.92
穿戴 mAP	0.8	0.82	0.85	0.92

　　图 4-28 给出图 4-27 所示的原始测试图片进行穿戴识别的结果，从中可以看出 SSD、ResNet50 对小目标与部分遮挡的图像无法进行识别［如图 4-28（a）中的鞋子、图 4-28（c）的鞋子与手套都未实现识别］；Inception-v3 网络与 SSD、ResNet50 相比，其识别能力有所提升，但仍然存在小目标的错误识别［如图 4-28（a）中一只鞋子、图 4-28（b）左手的手套］都未正确识别。引入 CBAM 注意力模块建立的分裂-转换-聚合的残差网络，在进行人体姿态感知的基础上，引导网络注意对穿戴目标区域进行高效识别，不仅减少目标的搜寻时间，而且提高了网络对于弱小目标以及遮挡穿戴设备的识别的准确率。

（a）测试图片 1 　　　　　　　　　　　　　　　（b）测试图片 2

图 4 - 27　用于测试的部分图片

（a）图片 1 识别的结果

（b）图片 2 识别的结果

图 4 - 28　不同网络识别的结果（从左到右依次为 SSD、
Res-Net50、Inception-v3、本书网络）

4.4　融合注意力机制的电力检修车机械臂状态识别技术

针对电力检修车的作业安全问题，位置与检修车的机械臂行为将是重要的安全因素。本节将设计一种基于 YOLOv5 的电力检修车机械臂状态识别网络 R-YOLOv5。该网络将采用长边定义法与环形平滑标签结合的方法实现对旋转目标的检测，通过引入 SIoU 损失函数和 HardSwish 激活函数增强网络的非线性能力，使用 CBAM 注意力机制在图像的通道上和空间上增强网络的特征提取能力，从而提升机械臂检测网络的检测精度和速度，以及对机械臂角度预测精度。

4.4.1 YOLOv5网络结构

YOLOv5 作为 YOLO 系列的第 5 代算法，相较于前面四代算法在对目标检测的各方面都有了较大的提升，其网络结构与 YOLOv4 相似，网络结构主要由输入端、特征提取网络、Neck 端、头部检测端组成。目前 YOLOv5 主要有 v5n、v5s、v5m、v5l、v5x 版本，其模型的参数量依次增大，检测性能依次增强。本节以 YOLOv5s 网络为例进行说明，YOLOv5s 的网络结构如图 4 - 29 所示。

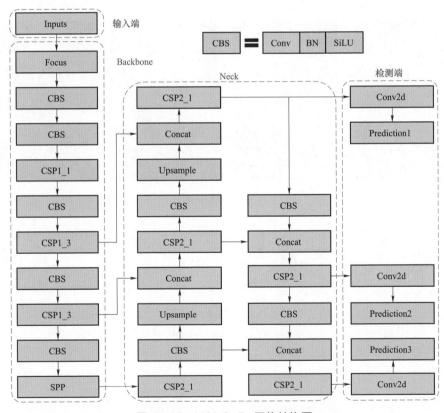

图 4 - 29　YOLOv5s 网络结构图

4.4.2　一种基于YOLOv5的电力检修车机械臂状态识别技术

针对电力检修车作业过程中，机械臂具有较大横纵比和带有旋转角度的特点，以及考虑到安全监测系统的实时性，设计了一种基于 YOLOv5 的电力检修车机械臂状态识别算法，从而实现对机械臂的检测，以及对机械臂作业角度预测。

1. 基于长边定义法与环形平滑标签的数据损失问题优化

通常情况下，目标检测算法都采用水平标注框对目标进行标注。但本章节中目标检测对象为电力检修车机械臂，该研究对象具有横纵比大、带有旋转角度的特点，常规的水平目标标注框不能够较好地完成目标框选任务，而采用旋转目标标注框具有较好的框选效果，水平目标标注框与旋转目标标注框对目标框选效果如图 4-30 所示。

（a）水平目标标注框   （b）旋转目标标注框

图 4-30　水平目标标注框与旋转目标标注框效果对比

由图 4-30 可知，旋转目标标注框能够更加准确地框选电力检修车的机械臂，减少框内多余的语义信息，在一定程度上能够降低特征提取网络的工作量，从而提升对目标特征提取的准确性。但是使用旋转目标标注框的数据信息在网络训练时产生边界问题，具体为边的交换（exchangability of edges，EoE）问题和角度的周期（periodicity of angular，PoA）问题。

EoE 问题是当目标进行旋转时，矩形框的长和宽会发生互换，造成角度产生 90°的误差，如图 4-31（a）所示。PoA 问题是因为用于训练的数据标注参数具有周期性，在周期发生跳跃时，边界部分会使损失值突增，在图 4-31（b）中，假设 $\theta \in [-90°, 90°)$，目标顺时针旋转，红色框预测得到的旋转角度 θ 为 88°，目标的真实标注角度为 89°时，误差值仅为 1°；绿色框预测得到的旋转角度 θ 为 89°，目标的真实标注角度为 -90°时，误差值则为 179°，然而在实际情况下误差值仅为 1°。

（1）旋转矩形框角度定义方法。针对旋转矩形框对目标的框选问题，需要确定一种合适的角度定义方法，即确定旋转矩形的旋转角度，用于解决 EoE 问题。目前常用的角度标注方法有八参数定义法、五参数定义法，下面分别对其进行介绍。

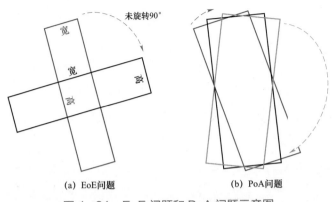

(a) EoE问题　　　　　　　　(b) PoA问题

图 4-31　EoE 问题和 PoA 问题示意图

1）八参数定义法包括有序四边形定义法和顶点偏移定义法。有序四边形定义法的表示方法为 $[\text{Point}-\text{based},(x_1,y_1,x_2,y_2,x_3,y_3,x_4,y_4)]$，该方法直接对目标的四个角点 $(x_1,y_1,x_2,y_2,x_3,y_3,x_4,y_4)$ 进行回归操作，对四个角点进行排序，预测出有序四边形，当目标角点为不规则矩形时，则按照顺时针的方向对角点排序，如图 4-32 所示。

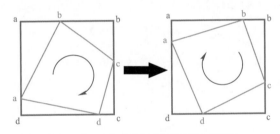

图 4-32　有序四边形定义法示意图

顶点偏移定义法在传统水平矩形框的基础上增加了旋转标签 (a_1,a_2,a_3,a_4)，通过计算偏移量，实现对目标的框选，如图 4-33 所示。

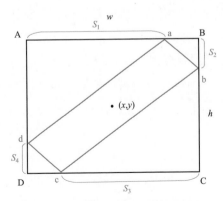

图 4-33　顶点偏移定义法示意图

水平矩形框用 (x,y,w,h) 表示，其中 (x,y)、w 和 h 分别为矩形框的中心点、宽和高。偏移量 a_1、a_2、a_3、a_4 的计算式为

$$a_1=\frac{S_1}{w},\quad a_2=\frac{S_2}{h},\quad a_3=\frac{S_3}{w},\quad a_4=\frac{S_4}{h}$$

（4-41）

式中：S_1、S_2、S_3、S_4 分别为旋转矩形框各角点与对应水平矩形框角点的距离。

2）五参数定义法主要包括 OpenCV 定义法和长边定义法。两种定义方法都将 (x, y) 作为矩形框中心点，w 和 h 作为矩形框的宽和高，不同之处在于角度 θ 的取值范围。

OpenCV 定义法表示方法为 $[90°, -\text{regression}-\text{based}, (x, y, w, h, \theta)]$，其中 θ 为矩形框与 X 轴形成的夹角，将与 X 轴形成夹角的矩形框的边标记为 w（无论是短边还是长边），另一条边标记为 h，θ 的取值范围为 $[-90°, 0]$，OpenCV 定义法示意图如图 4-34 所示。

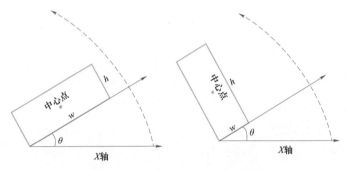

图 4-34　OpenCV 定义法示意图

长边定义法的表示方法为 $[180°, -\text{regression}-\text{based}, (x, y, w, h, \theta)]$，其中 θ 为矩形框长边 h 与 X 轴形成的夹角，θ 的取值范围为 $[-90°, 90°]$，长边定义法示意图如图 4-35 所示。

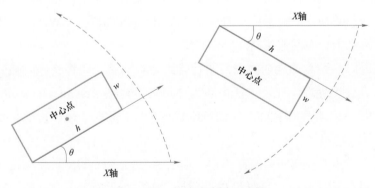

图 4-35　长边定义法示意图

上述的各定义方法中，八参数定义法中无论是有序四边形定义法还是顶点偏移定义法都需要对 8 个参数进行回归，会极大增加对网络性能的要求，从而导致网络推理时间延长；OpenCV 定义法虽然减少了参数量的回归，但是由于矩形框与 X 轴形成夹角的边不断变化，仍然会出现 EoE 问题和 PoA 问题，导致网络出现较大的回归损失；长边定义法确定了与 X 轴形成夹角的边，虽然没有解决 PoA 问题，但是能够解决 EoE 问题，在一定程度上能够减少网络回归过程中的损失。综上所述，本书选用长边定义法作为旋转矩形框的角度定义方法。

（2）角度周期回归方法。角度周期回归方法用于解决 PoA 问题，目前主要有以下三种解决方案。

第一种，采用 Anchor-free 算法中的旋转锚框。该方法中既不存在与周期变化相关的参数，又能框选进行周期旋转的目标，可以从根本上解决边界问题。此类定义方式可使用基于极坐标系、基于向量和基于点集的方法来表示任意四边形物体和有向矩形。其中，基于极坐标系的表示方法有 PolarDet、P-RSDet，基于向量的表示方法有 BBA-Vectors、O^2-DNet，基于点集的表示方法有 ROPDet、Oriented Reppoints。

第二种，修改原网络中的损失函数，损失函数有修改回归损失函数和采用旋转 IoU 两种修改方法。修改回归损失函数的方法是在 Smooth L1 函数对网络中的各个参数进行回归时，对其增加与角度同样的周期信息；采用旋转 IoU 的方法可以避免边界问题，但是旋转 IoU 的计算需要三角测量来计算重叠部分的整数面积，所以不能够进行微分操作，只能通过近似可导的方法计算旋转 IoU，此类方法有 KL 散度（kullback-leibler divergence，KLD）和高斯－瓦瑟斯坦距离（gaussian wasserstein distance，GWD）。KLD 将旋转包围盒二维高斯分布间的分散程度作为回归损失，根据目标的特点动态调整参数梯度；GWD 用于描述旋转包围盒二维高斯分布间的距离。

第三种，将角度的周期回归问题转化为分类问题，即将整体问题分解为多个个体问题进行处理，此类方法主要为环形平滑标签（circular smooth label，CSL）。CSL 方法将角度按照一定的范围进行划分，将每个范围内的角度作为一类目标。

上述关于角度周期回归的方法中，基于 Anchor-free 的旋转目标定义方式虽然能够从根本上解决 EoE 问题和 PoA 问题，但是使用 Anchor-free 的旋转目标定义方式的目标检测算法绝大多数都集中于遥感领域和文本识别领域，几乎没有应用于电力检修车机械臂检测的相关算法，并且在后续章节的试验过程中也证明基于 Anchor-free 的旋转目标检测算法在对电力检修车机械臂检测的任务中，检测效果相较于基于 Anchor-based 的旋转目标检测算法较差；在修改损失函数的方法中，若对 Smooth L1 函数进行修改，则需要对整体网络的结构进行修改，难度较大且复杂。在 GWD 方法的中心点单独优化过程中，会出现检测结果的位置偏移的问题，且不具备尺度不变性，水平情况下退化出来的回归损失和常用的回归损失存在不一致情况。KLD 方法在两个二维高斯分布发生重叠时，两个二维高斯分布之间的距离得不到一致的反映，影响回归；CSL 方法将回归问题转化为分类问题，只需要在网络进行结果输出时，增加对角度信息的输出即可，对比 KLD 方法较为简洁且便利。综上所述，本书选用 CSL 方法作为角度周期回归问题的解决方法。

在本书中，将 CSL 对角度的划分范围设定为 1° 一类时，会出现无法预测出现的带有小数的角度，无法衡量预测结果和标签之间的角度距离的问题。CSL 将回归问题进行离散化后，无法预测出现的带有小数的角度，因此会产生精度损失。为了评估该损失带来的影响，计算精度最大损失和服从均匀分布的平均损失如下

$$\mathrm{Max(loss)} = \omega / 2 \tag{4-42}$$

$$E(\mathrm{loss}) = \int_a^b \frac{x}{b-a} \mathrm{d}x = \int_0^{\omega/2} \frac{x}{\omega/2 - 0} \mathrm{d}x = \omega / 4 \tag{4-43}$$

由式（4-42）和式（4-43）可知，将角度的划分范围设定为 1° 一类（$\omega = 1$）时，精度最大损失和服从均匀分布的平均损失分别为 0.5 和 0.25。假设存在两个同中心点的横纵比为 1:9 的旋转矩形框，当角度的值相差为 0.5 和 0.25 时，两个旋转矩形框之间的 IoU 值分别下降了 0.05 和 0.02，对于最后的损失回归影响较小。本章节中的机械臂图像数据通过 K-means 聚类方法得到的 Anchor 大小为 [315，45，381，53，315，75]、[488，49，499，81，732，76]、[620，118，772，191，923，163]，其横纵比几乎小于 1:9。

由于在目前现有的分类损失中，没有能够确定预测结果与真实标签间的角度的距离损失函数。在 One-hot Lable 中假设真实框的角度为 0°，且网络将目标的角度预测为 1° 和 -90° 的损失值相同时，网络实际预测的角度为 1° 时的损失也在接受范围内。One-hot Lable 示意图如图 4-36 所示。

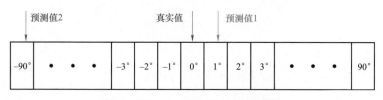

图 4-36　One-hot Lable 示意图

根据 One-hot Lable 方法，本章节中 CSL 的示意图如图 4-37 所示。

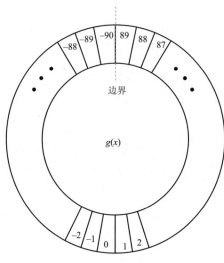

图 4-37　CSL 示意图

CSL 的表达式为

$$\text{CSL}(x) = \begin{cases} g(x) & \theta - r < x < \theta + r \\ 0 & \text{其他} \end{cases} \tag{4-44}$$

式中：$g(x)$ 为窗口函数；r 为窗口半径（该函数具有单调性、对称性、周期性和存在最大值等条件）。

其中

$$\begin{cases} g(x) = g(x + kT) & k \in N \\ 0 \leqslant g(\theta + \varepsilon) = g(\theta - \varepsilon) \leqslant 1 & |\varepsilon| < r \\ 0 \leqslant g(\theta \pm \varepsilon) \leqslant g(\theta \pm \varsigma) \leqslant 1 & |\varsigma| < |\varepsilon| < r \\ g(\theta) = 1 \end{cases} \tag{4-45}$$

算法可以通过窗口函数来衡量预测结果和真实标签间存在的角度误差，即在一定的角度范围内，预测角度越接近真实角度，产生的预测值损失就越小。在后续章节的试验过程发现将高斯函数设置为窗口函数时，具有较好的检测效果，高斯函数的函数表达式为

$$g(x) = ae^{-\frac{(x-b)^2}{2c^2}} = e^{\frac{-x^2}{32}} \tag{4-46}$$

式中：a、b、c 为常数（本章节中设置 a 为 1，b 为 0，c 为 4）；x 为输入的角度信息。

2. SIoU 损失函数与 HardSwish 激活函数

（1）SIoU 损失函数。在深度学习算法中，一个深度学习的模型好坏程度取

决于预测值与真实值的差异大小，通常使用损失函数进行评估，损失函数计算得到的损失值是判断该网络模型是否达到期望标准的关键。损失值越大，说明模型对目标的预测能力越弱，适用性越差；损失值越小，说明模型对目标的预测能力越强，越具有较好的鲁棒性，网络收敛速度也越快。在 YOLOv5 网络中，常用的边界框回归损失函数有 CIoU、GIoU 和 DIoU，下面对 GIoU 和 DIoU 损失函数进行简要介绍。

1）GIoU 损失函数中对任意的两个 A、B 矩形框，存在一个能够将它们包围的最小矩形框 C，将 A、B 间的 IoU 值减去 C 与 $A \cup B$ 面积的差值与 C 的比值作为 GIoU，GIoU 示意图如图 4-38 所示。

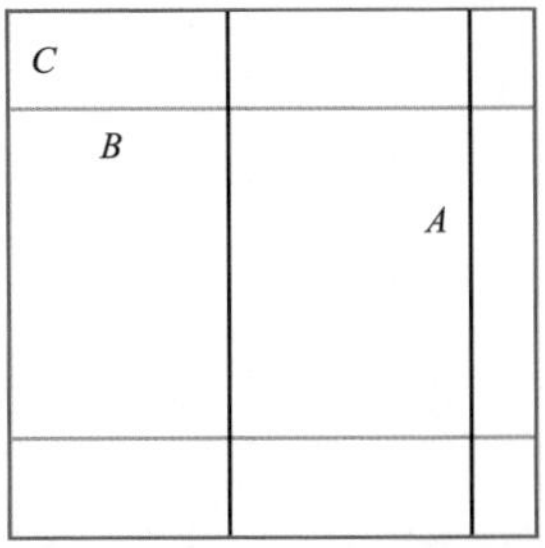

图 4-38　GIoU 示意图

GIoU 计算式为

$$\text{GIoU} = \text{IoU} - \frac{|C| - |A \cup B|}{|C|} \tag{4-47}$$

GIoU 能够解决 IoU 值为 0 时，梯度为 0 而无法优化的问题，且相较于 IoU 的取值范围，GIoU 值的范围具有对称性，能够更好地度量矩形框间的距离，还具有尺度不变性的优势；但是在 IoU 值为 0 时，GIoU 的优化方向不明确，网络收敛速度相对较慢；当两种矩形框产生包含情况时，GIoU 就变为 IoU，导致网络收敛困难。

2）DIoU 将基于两个矩形框的中心点距离和最小外接矩形框对角线距离的比值作为惩罚项，直接对两个矩形框的距离进行最小化处理，杜绝了两个框相距较远时出现较大外接矩形的情况，能够加速网络收敛速度。但是 DIoU 在回归过程中未考虑矩形框的横纵比的问题，在检测精度方面还有待提升。DIoU 计算公式为

$$\text{DIoU} = \text{IoU} - \frac{\rho^2(b, b^{gt})}{c^2} \tag{4-48}$$

在目前存在的 IoU 损失函数中，均缺少对真实框与预测框之间方向不匹配问题的考虑，这种情况会导致网络收敛速度较慢且效率较低。本书将 SIoU 作为边界框回归损失函数，SIoU 引入了真实框和预测框之间的向量角度，确定了新的惩罚指标。SIoU 具体包括角度损失、距离损失、形状损失、IoU 损失四个部分，下面对这四个损失部分进行介绍。

第一部分，角度损失。设角度损失为 Λ，其计算式为

$$\varLambda = 1 - 2\sin^2\left[\arcsin\left(\frac{c_h}{\sigma}\right) - \frac{\pi}{4}\right] = \cos\left[2\arcsin\left(\frac{c_h}{\sigma}\right) - \frac{\pi}{2}\right] \quad (4-49)$$

在式（4-49）中

$$\sigma = \sqrt{(b_{c_x}^{gt} - b_{c_x})^2 + (b_{c_y}^{gt} - b_{c_y})^2} \quad (4-50)$$

$$c_h = \max(b_{c_y}^{gt}, b_{c_y}) - \min(b_{c_y}^{gt}, b_{c_y}) \quad (4-51)$$

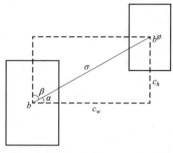

式中：σ、c_h 分别为真实框与预测框中心点的高度差与距离；$(b_{c_x}^{gt}, b_{c_y}^{gt})$ 和 (b_{c_x}, b_{c_y}) 分别为真实框 b^{gt} 和预测框 b 的中心点坐标。

各参数示意图如图4-39所示。

由图4-39可知，式（4-49）中的 $\arcsin\left(\dfrac{c_h}{\sigma}\right)$

图4-39 角度损失参数示意图

为图中的角度 α。在网络训练过程中，如果 $\alpha < \dfrac{\pi}{4}$，那么将 α 进行最小化处理；否则将 β 进行最小化处理。

第二部分，距离损失。设距离损失为 Δ，其计算式为

$$\Delta = \sum_{t=x,y}(1 - e^{-\gamma\rho_t}) = 2 - e^{-\gamma\rho_x} - e^{-\gamma\rho_y} \quad (4-52)$$

其中

$$\rho_x = \left(\frac{b_{c_x}^{gt} - b_{c_x}}{c_w}\right)^2, \quad \rho_y = \left(\frac{b_{c_y}^{gt} - b_{c_y}}{c_h}\right)^2, \quad \gamma = 2 - \varLambda \quad (4-53)$$

式中：c_w、c_h 分别为真实框 b^{gt} 和预测框 b 最小外接矩形的宽和高。

当角度 α 趋近于 0 时，距离损失的贡献下降；当角度 α 趋近于 $\dfrac{\pi}{4}$ 时，距离损失的贡献增加。因此距离损失赋予 γ 时间优先的距离值，跟随角度 α 变化，各参数示意图如图4-40所示。

第三部分，形状损失。设形状损失为 Ω，该损失的计算式为

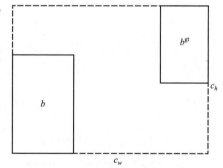

图4-40 距离损失参数示意图

$$\Omega = \sum_{t=w,h}(1 - e^{-\omega_t})^\theta = (1 - e^{-\omega_w})^\theta + (1 - e^{-\omega_h})^\theta \quad (4-54)$$

其中

$$\omega_w = \frac{|w - w^{gt}|}{\max(w, w^{gt})}, \quad \omega_h = \frac{|h - h^{gt}|}{\max(h, h^{gt})} \quad (4-55)$$

式中：w、h 和 w^{gt}、h^{gt} 分别为预测框和真实框的宽和高；θ 为控制对形状损失的关注度（避免出现对形状损失过度关注导致降低预测框移动的情况，参数范围在 [2，6]）。

第四部分，IoU 损失。IoU 损失与传统 IoU 的计算方法相同，即

$$IoU = \frac{|A \cap B|}{|A \cup B|} \qquad (4-56)$$

综上所述，SIoU 损失函数可表示为

$$L_{SIoU} = 1 - IoU + \frac{\Delta + \Omega}{2} \qquad (4-57)$$

（2）HardSwish 激活函数。在深度学习算法中，激活函数的主要作用是提升网络处理非线性问题的能力，使深层的神经网络具有更强的表达能力。在 YOLOv5 网络的卷积模块中使用的主要激活函数是 Leaky ReLU 和 SiLU。Leaky ReLU 激活函数是 ReLU 激活函数的另一种形式，ReLU 引入了一个固定的斜率用来解决 Dead ReLU 导致参数不更新的问题，但是大量的实践证明其效果不稳定，其函数表达式为

$$Leaky \quad ReLU(x) = \begin{cases} x & x \geqslant 0 \\ \lambda x & x < 0 \end{cases} \qquad (4-58)$$

在式（4-58）中，$\lambda \in (0,1)$，Leaky ReLU 函数图像如图 4-41 所示。

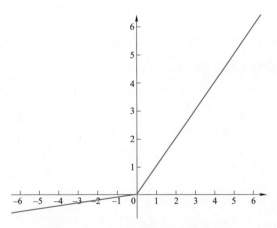

图 4-41 Leaky ReLU 函数图像

SiLU 激活函数和 HardSwish 激活函数均为 Swish 激活函数的其他表现形式。Swish 函数无最大值有最小值，具有平滑和非单调的特性，其函数表达式为

$$\text{Swish}(x) = x \cdot \text{Sigmoid}(\beta x) \qquad (4-59)$$

其中
$$\text{Sigmoid}(\beta x) = \frac{1}{1 + \exp(-\beta x)} \qquad (4-60)$$

当式（4-60）中 β 的值为 1 时，Swish 激活函数就变为了 SiLU 激活函数，该激活函数相较于上述的 Leaky ReLU 激活函数的性能和效果，都有较大的提升，其函数表达式为

$$\text{SiLU}(x) = x \cdot \text{Sigmoid}(x) \qquad (4-61)$$

SiLU 激活函数的函数图像如图 4-42 所示。

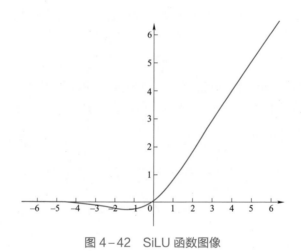

图 4-42 SiLU 函数图像

HardSwish 激活函数则是对 Swish 激活函数的改进，其具有更强的非线性能力，能够提高模型的精度，函数表达式为

$$\text{HardSwish}(x) = \begin{cases} 0 & x \leqslant -3 \\ x & x \geqslant 3 \\ \dfrac{x(x+3)}{6} & \text{其他} \end{cases} \qquad (4-62)$$

HardSwish 激活函数的函数图像如图 4-43 所示。

通过比较 Leaky ReLU、SiLU 和 HardSwish 三种激活函数的函数图像能够发现 HardSwish 激活函数具有更强的非线性能力。在本书中，将 R-YOLOv5-Based 网络卷积模块中的 SiLU 激活函数替换为 HardSwish 激活函数，改进后的网络结构如图 4-44 所示。

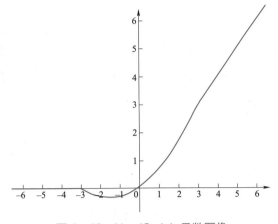

图 4-43　HardSwish 函数图像

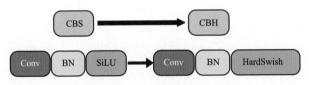

图 4-44　改进卷积模块示意图

4.4.3　融合注意力机制的机械臂状态识别网络

近些年来，注意力机制（attention mechanism，AM）在自然语言处理领域和图像处理领域中取得了较好的效果，逐渐成为卷积神经网络提升性能的主流方法。注意力机制模拟的就是人类视觉观察事物的过程，在基于深度学习的目标检测技术中，图像中的每一个部分都包含不同的特征，在原始的卷积神经网络中对图像上的特征信息都是给予同样的训练权重，但是通过引入注意力机制，卷积神经网络可以在训练的过程中对图像上感兴趣区域生成的特征信息赋予较高的权重，对图像中生成的特征进行选择性的学习。注意力机制大致可以分为通道注意力机制、空间注意力机制和混合注意力机制。

（1）通道注意力机制。图像经过卷积神经网络中的一系列操作后，图像的宽高和通道数都会发生相应的变化。通道注意力机制通过判断图像不同通道与卷积神经网络的相关联程度来确定每个通道对图像特征提取的重要程度，最终实现对重要特征通道的加强和对冗余特征通道的抑制。其典型代表为压缩和激励网络（squeeze-and-excitation network，SENet），其网络结构如图 4-45 所示。

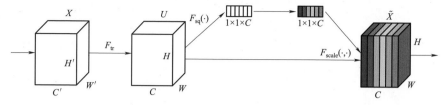

图 4-45 SENet 网络结构图

SENet 主要由压缩和激励部分组成。压缩部分主要是对图像的全局信息进行嵌入操作，输入图像经过任意给定变化 F_{tr} 得到的特征进行压缩后，整合不同维度上的特征映射，得到一个描述通道信息的符，再使用 Avg pooling 操作将图像的相关信息压缩到上述的通道描述符中，此过程表达如下

$$z_c = F_{sq}(u_c) = \frac{1}{H \times W} \sum_{i=1}^{H} \sum_{j=1}^{W} u_c(i,j) \qquad (4-63)$$

激励部分的主要作用是进行自适应调整。每个通道使用一个基于通道依赖的自选门机制（即激活函数）来激活学习的特定样本，使其提取并使用图像的全局信息，对重要特征进行加强，并抑制冗余的特征。SENet 中采用的激活函数为 Sigmoid，并在其中增加 ReLU 激活函数来降低网络的复杂性，同时辅助网络训练，该过程表达如下

$$s = F_{ex}(z,W) = \sigma[g(z,W)] = \sigma[W_2\delta(W_1z)] \qquad (4-64)$$

式中：σ 为 Sigmoid 激活函数；δ 为 ReLU 激活函数；W_1（用于降低维度）和 W_2（用于维度递增）分别为控制激活函数的相关参数。

（2）空间注意力机制。空间注意力机制注重图像特征的空间位置信息与卷积神经网络之间的相关性，通过将图像的特征信息映射到其他维度中，得到图像中重要特征的位置信息，在卷积神经网络进行训练时增加此位置信息的相关权重，使网络能够更加准确地提取相关特征信息。空间注意力机制能够加强对重点区域的特征信息提取，抑制冗余区域的特征信息。其典型代表为空间变换神经网络（spatial transformer network，STN），其网络结构如图 4-46 所示。

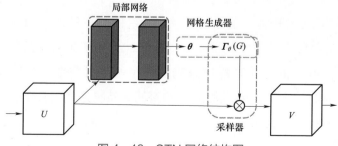

图 4-46 STN 网络结构图

STN 主要由局部网络、网格生成器和采样器组成。局部网络对提取到的特征图进行处理，得到仿射变换参数矩阵 $\boldsymbol{\theta}$，以二维空间为例，其过程可以表示为

$$
\begin{bmatrix} x_i^s \\ y_i^s \end{bmatrix} = \begin{bmatrix} \theta_{11} & \theta_{12} & \theta_{13} \\ \theta_{21} & \theta_{22} & \theta_{23} \end{bmatrix} \begin{bmatrix} x_i^t \\ y_i^t \\ 1 \end{bmatrix} \tag{4-65}
$$

式中：(x_i^s, y_i^s) 和 (x_i^t, y_i^t) 分别为输出特征图和输入特征图中的网格坐标。

网格生成器的作用是建立输出特征图与输入特征图中的坐标之间的关系，其过程可以表示为

$$
\begin{bmatrix} x_i^s \\ y_i^s \end{bmatrix} = \boldsymbol{\Gamma}_\theta(G_i) = \boldsymbol{A}_\theta \begin{bmatrix} x_i^t \\ y_i^t \\ 1 \end{bmatrix} = \begin{bmatrix} \theta_{11} & \theta_{12} & \theta_{13} \\ \theta_{21} & \theta_{22} & \theta_{23} \end{bmatrix} \begin{bmatrix} x_i^t \\ y_i^t \\ 1 \end{bmatrix} \tag{4-66}
$$

采样的作用是解决空间变换过程中坐标不为整数的问题，采样过程可以表示为

$$
V_i^c = \sum_{n}^{H} \sum_{m}^{W} U_{nm}^c k(x_i^s - m; \phi_x) k(y_i^s - n; \phi_y) \tag{4-67}
$$

式中：U_{nm} 为输入特征图 (n, m) 位置对应的权重；k 为采样函数；ϕ 为采样函数的参数。

（3）混合注意力机制。混合注意力机制是通道注意力机制与空间注意力机制相结合的一种注意力机制，其典型代表为卷积块注意模块（convolutional block attention module，CBAM），网络结构如图 4-47 所示。

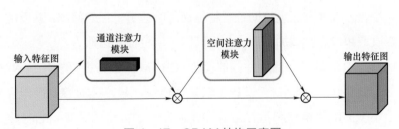

图 4-47　CBAM 结构示意图

通道注意力模块对主干网络从输入图像中提取到的特征图 $\boldsymbol{F}$ 进行相应池化操作，进行空间维度上的压缩，得到两个维度是 $1 \times 1 \times C$ 特征矩阵。然后将这两个特征矩阵依次输入到多层感知（multi-layer perceptron，MLP）网络中，该网络由多层感知和隐藏层组成，第一层主要包含神经元和 ReLu 激活函数；第二层中只有神经元。经 MLP 网络处理后的特征矩阵再进行相应操作后输入 Sigmoid

激活函数，得到通道注意力模块的相关特征参数 M_c。最后再将特征参数 M_c 与特征图 F 进行点乘操作，输出通道注意力模块的特征图。相关计算如式（4-68）所示。

$$M_c(F) = \sigma\{MLP[AvgPool(F)] + MLP[MaxPool(F)]\}$$
$$= \sigma\{W_1[W_0(F_{avg}^c)] + W_1[W_0(F_{max}^c)]\} \tag{4-68}$$

其中 $\qquad\qquad\qquad W_0 \in \mathbb{R}^{C/r \times C}, \quad W_1 \in \mathbb{R}^{C \times C/r}$

式中：σ 为 Sigmoid 激活函数；C 为神经元个数；r 为减少率。

通道注意力模块的结构如图 4-23 所示。

空间注意力模块将通道注意力模块输出的特征图作为新的输入特征图 F'，将其进行相应池化操作后，获得两个通道数为 1 的特征矩阵，再将这两个特征矩阵按通道顺序进行拼接（concat），得到一个新的特征矩阵。然后使用卷积核卷积后输入 Sigmoid 激活函数，得到空间注意力模块的相关特征参数 M_s。最后再将特征参数 M_s 与特征图 F' 进行相应操作，输出整个 CBAM 的特征图。相关计算如式（4-69）所示。

$$M_s(F) = \sigma\left\langle f^{7\times7}\{[AvgPool(F); MaxPool(F)]\}\right\rangle$$
$$= \sigma\{f^{7\times7}[(F_{avg}^s; F_{max}^s)]\} \tag{4-69}$$

式中：σ 为 Sigmoid 激活函数；$f^{7\times7}$ 为使用 7×7 大小卷积核进行卷积。

空间注意力模块的结构如图 4-24 所示。

混合注意力机制 CBAM 将通道注意力机制与空间注意力机制的优势进行了整合，解决了通道注意力机制只注重通道特征而忽略空间位置特征的问题，以及空间注意力机制只注重空间位置特征而忽略通道特征的问题，从而能够对图像的重要通道和焦点区域加强关注，提高网络的特征表达能力。

CBAM 具有轻量化和通用性强的优势。CBAM 中的特征可视化技术（CAM）和智能寻址显存技术（SAM）都属于轻量级模块，其内部的卷积操作较少，仅进行为数不多的池化操作和特征融合操作，避免了大量的计算，它在增加少量网络参数量的条件下，提升网络的性能。CBAM 可以直接嵌入到卷积操作中，能够灵活地插入到各种卷积神经网络中。

本书将 CBAM 嵌入到 YOLOv5 网络的 Neck 端与检测端之间，YOLOv5 中的特征提取网络和 Neck 端分别对输入图像进行特征提取和特征融合后，得到的 3 个尺度上的特征图再由 CBAM 对每个尺度上的特征图进行通道上和空间上的权重调整，加强对重要通道特征信息和焦点区域位置信息的提取，生成语义信息更加丰富的特征图，从而提升网络的检测效果，达到提高网络检测精度的目的。本书将改进后的网络命名为 Rotated-YOLOv5 网络，在下文中简称为 R-YOLOv5，其网络结构如图 4-48 所示。

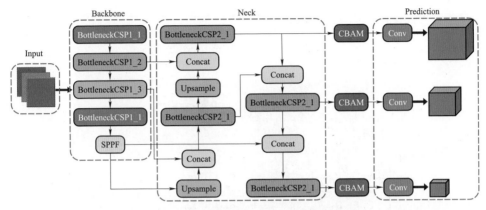

图 4-48　R-YOLOv5 网络结构图

BottleneckCSP1_X：结构；BottleneckCSP2_X：结构；SPPF：快速空间金字塔池化模块；

Upsample：上采样模块；Concat：连接模块；Conv：卷积模块；Backbone：主干网络；

Neck：瓶颈网络；Prediction：预测模块；CBAM：注意机制模块

4.4.4　试验结果与分析

1. 试验环境与试验数据

本书机械臂状态识别网络的试验平台硬件配置如下：CPU 为 Intel（R）Xeon（R）CPU E5-2695 v4 @ 2.10GHz；RAM 为 256GB；操作系统为 Windows 10 Pro；GPU 为 Nvidia TITAN Xp 12GB；软件配置为 CUDA10.2、Anaconda3、PyCharm Community、Python3.8、Microsoft Visual Studio2017 等；深度学习框架为 Pytorch。

在查阅相关的文献后，并未发现有与电力检修车相关的公开数据集，因此采用自制数据集的方法进行试验。首先对电力检修车的机械臂进行类别标定，将上机械臂和下机械臂分别标定为 arma 和 armb，如图 4-49 所示。

图 4-49　机械臂标定图

由于本书所采用的旋转目标检测算法参考遥感领域中的目标检测算法，所以自制的数据集格式参考了遥感目标检测数据集（DOTA）的标注格式，采用 RoLableImg 标注软件对数据集中的电力检修车机械臂进行标注，标注过程如图 4-50 所示。

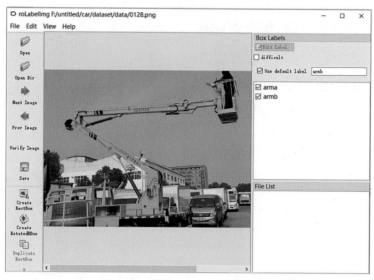

图 4-50　机械臂标注图

标注的结果保存后会生成一个.xml 文件，该文件中包含了旋转矩形框的位置信息，将.xml 文件转化为 DOTA 数据集中的.txt 文件后，.txt 文件中的文本信息表示方式为

$$(x_0 \quad y_0 \quad x_1 \quad y_1 \quad x_2 \quad y_2 \quad x_3 \quad y_3 \quad \text{class\_id} \quad \theta) \tag{4-70}$$

最后，再将.txt 文件转化为 YOLO 网络训练所需的格式，即

$$(\text{class\_id} \quad x \quad y \quad w \quad h \quad \theta) \quad \theta \in [0,180) \tag{4-71}$$

具体转化公式为

$$\begin{cases} (x_0 \quad y_0) = \left(x - \dfrac{1}{2} w\cos\theta - \dfrac{1}{2} h\sin\theta, y + \dfrac{1}{2} w\sin\theta - \dfrac{1}{2} h\cos\theta \right) \\[2ex] (x_1 \quad y_1) = \left(x + \dfrac{1}{2} w\cos\theta - \dfrac{1}{2} h\sin\theta, y - \dfrac{1}{2} w\sin\theta - \dfrac{1}{2} h\cos\theta \right) \\[2ex] (x_2 \quad y_2) = \left(x + \dfrac{1}{2} w\cos\theta + \dfrac{1}{2} h\sin\theta, y - \dfrac{1}{2} w\sin\theta + \dfrac{1}{2} h\cos\theta \right) \\[2ex] (x_3 \quad y_3) = \left(x - \dfrac{1}{2} w\cos\theta + \dfrac{1}{2} h\sin\theta, y + \dfrac{1}{2} w\sin\theta + \dfrac{1}{2} h\cos\theta \right) \end{cases} \tag{4-72}$$

本书自制的数据集共有 1200 张曲臂电力检修车图片，按照 4:1:1 的比例设置为训练集、验证集、测试集。在训练卷积神经网络的过程中，如果训练集中的样本数量较少，网络训练得到的模型很大程度上泛化性不强。因此，虽然数据集中的类别 arma 和 armb 的样本数量基本上处于平衡状态。但是为了增强数据集的多样性，并防止数据过少带来过拟合问题，本书对数据集中的训练集和验证集进行数据增强处理。未增强前的训练集和验证集图片数量分别为 800 和 200，增强后的训练集和验证集图片数量分别为 2979 和 762，增强后的图像如图 4–51（b）所示。

（a）原图像   （b）增强图像

图 4–51　数据增强结果图

2. 曲臂识别结果

对改进的算法进行训练时，输入图像的尺寸大小设置为 608×608；训练周期设置为 300 轮（epoch）；学习率（lr）的初值设置为 0.001；优化器选择 Adam；每一个批次迭代的图片数量（batch size）设置为 16；角度损失参数（angle loss gain）设置为 0.8；angle BCELoss positive_weight 设置为 1.0；所有进行试验算法推理图片时的置信度值阈值设置为 0.55；NMS 操作中的 IoU 阈值设置为 0.45。

为验证本书算法中改进点的有效性，采用消融试验进行纵向对比分析，在同样的测试集上对网络的 AP 值和 mAP 值进行对比，以验证网络的改进点是否有效，其中使用 HardSwish 激活函数的模型为 R-YOLOv5–HardSwish、使用 SIoU 损失函数的模型为 R-YOLOv5–SIoU、包含 CBAM 注意力机制的模型为 R-YOLOv5–CBAM，消融试验结果见表 4–13。

表 4–13　　　　　　　　　　消融试验结果

网络模型	HardSwish	SIoU	CBAM	AP（%）		mAP（%）
				arma	armb	
R-YOLOv5-Based	×	×	×	80.55	79.47	80.01
R-YOLOv5-HardSwish	√	×	×	89.30	79.01	84.16

续表

| 网络模型 | HardSwish | SIoU | CBAM | AP（%） | | mAP（%） |
				arma	armb	
R-YOLOv5-SIoU	×	√	×	89.50	80.41	84.96
R-YOLOv5-CBAM	×	×	√	89.79	79.98	84.88
R-YOLOv5	√	√	√	89.88	80.20	85.04

由表 4-13 可知,将原网络中的损失函数和激活函数进行更换后,R-YOLOv5-HardSwish 网络中机械臂 arma 和 armb 的 mAP 值提升了 4.15%,说明 HardSwish 激活函数能够提高网络非线性能力;R-YOLOv5-SIoU 网络中机械臂 arma 和 armb 的 AP 值分别提升了 8.95% 和 0.94%,mAP 值提升了 4.95%,说明 SIoU 损失函数能够降低网络训练损失值,提升网络性能;在原网络中引入 CBAM 注意力机制,R-YOLOv5-CBAM 网络中机械臂 arma 和 armb 的 AP 值分别提升了 9.24% 和 0.51%,mAP 值提升了 4.87%,说明 CBAM 注意力机制能够有效提取图像特征信息,提升网络特征提取能力;R-YOLOv5 将上述的改进点结合,机械臂 arma 和 armb 的 AP 值分别提升了 9.33% 和 0.73%,mAP 值相较于原网络提升了 5.03%。试验证明本书设计的 R-YOLOv5 网络能够有效地提升对电力检修车机械臂的检测精度。

本书共设置了 4 组对比试验对改进算法的检测性能进行检验。对比算法分别为一阶段旋转目标检测算法（Rotated-YOLOv5-Based）、两阶段旋转目标检测算法（Rotated-Faster-RCNN）、基于 Anchor-free 的旋转目标检测算法（Rotated-Reppoints）和基于 Anchor-based 的旋转目标检测算法（RoI Transformer）,在下文中分别简称为 R-YOLOv5-Based、R-Faster-RCNN、R-Reppoints 和 RoI Transformer。

将训练好的网络模型用于本书数据集的测试集上进行测试,得出的试验数据结果见表 4-14。

表 4-14 横向对比试验结果

| 网络模型 | AP（%） | | mAP（%） | 参数量（MB） | FPS | P_{error}（%） |
	arma	armb				
R-Faster-RCNN	78.62	79.47	79.18	314.0	8.6	38.0
R-Reppoints	87.70	66.60	75.65	280.0	14.1	74.4
RoI Transformer	81.12	80.76	80.94	421.0	6.2	59.2
R-YOLOv5-Based	80.55	79.47	80.01	34.5	33.2	21.2
R-YOLOv5	89.88	80.20	85.04	35.2	32.8	13.6

由表 4-14 可知，R-YOLOv5 网络在测试集上目标 arma 和 armb 的 AP 值分别为 89.88%和 80.20%，mAP 值为 85.04%，均优于其余网络模型的相关参数指标。mAP 值相较于 R-Faster-RCNN、R-Reppoints、RoI Transformer 和 R-YOLOv5-Based 分别提高了 5.86%、9.39%、4.10%和 5.03%，说明 R-YOLOv5 网络对机械臂的检测能力更强。对比表中各网络模型的参数量和推理速度可知，R-YOLOv5 网络参数量为 34.8MB，相较于 R-Faster-RCNN、R-Reppoints、RoI Transformer 都有大幅下降；虽然与 R-YOLOv5-Based 相比，参数量有少量上升，但是网络的检测精度有所提升，且推理速度达到了 33FPS，基本上能够满足实时检测的要求。在错检率方面，R-YOLOv5 网络错检率为 13.6%，而 R-Faster-RCNN、R-Reppoints、RoI Transformer 错检的图片数量几乎为检测图片总数的一半。因此，由上述数据可知，R-YOLOv5 电力检修车机械臂状态识别网络能够实现对变电站中电力检修车机械臂的准确识别，并能够满足实时检测的要求。

各网络模型对电力检修车机械臂在变电站场景外作业图片的检测结果如图 4-52 所示。

（a）R-YOLOv5　（b）Based　（c）R-Faster-RCNN　（d）R-Reppoints　（e）RoI Transformer

图 4-52　各模型机械臂检测结果

由图 4-52 可知，各网络模型对变电站作业场景外的电力检修车机械臂基本上都能实现检测，但是 R-YOLOv5 网络在检测效果上明显优于其他网络模型，其对机械臂的框选更加精确、冗余部分较少，能够为下文的机械臂角度预测提供更准确的依据。通过对比图中各网络模型对变电站作业场景中电力检修车机械臂的检测结果可知，当检测图片的背景变得复杂时，R-YOLOv5-Based、R-Faster-RCNN、R-Reppoints 和 RoI Transformer 的检测结果中均有漏检和误检的情况，只有 R-YOLOv5 网络准确地实现了对机械臂检测。因此，通过试验对比证明了 R-YOLOv5 网络的有效性。

3. 机械臂角度预测结果分析

选取一张各网络模型都能够对其中的电力检修车作业机械臂进行检测的图片，如图 4-53 所示。采用 RoLableImg 标注软件对机械臂进行标注，通过标注后得到机械臂的角度信息，图中机械臂 arma 和 armb 的角度分别为 10°和 37°，该角度为各机械臂与水平轴的夹角。在各网络模型上对图中的机械臂角度进行预测，预测结果见表 4-15。

图 4-53　角度预测样本图

表 4-15　　　　　　　　　　各模型角度预测结果

网络模型	角度 θ 预测值（°）		角度 θ 预测误差（°）		平均预测误差（°）
	θ_{arma}	θ_{armb}	$\Delta\theta_{arma}$	$\Delta\theta_{armb}$	
R-Faster-RCNN	5	28	5	9	7.0
R-Reppoints	12	53	2	16	9.0
RoI Transformer	8	45	2	8	5.0
R-YOLOv5-Based	10	35	0	2	1.0
R-YOLOv5	10	38	0	1	0.5

由表 4-15 可知，R-YOLOv5 网络对电力检修车机械臂作业角度的平均预测误差值为 0.5°，相较于 RoI Transformer、R-Faster-RCNN、R-Reppoints 和 R-YOLOv5-Based 算法的角度平均预测误差值分别下降了 6.5°、8.5°、4.5° 和 0.5°。通过试验对比，验证了 R-YOLOv5 网络对机械臂作业角度预测的有效性。

5 基于多维信息融合的作业现场风险评估与预警技术

5.1 作业态势感知多维信息融合的技术

多维信息融合技术在工程应用中仍存在难点。多源异构信息具有不同的特性，需要进行多方面、多级别和多层次的处理，以获得更加精准的特征信息。不同的信号特征应采用不同的融合模型在时间和空间上进行系统融合，为电力作业检测提供技术支持。多源信息融合可分为数据级融合、特征级融合和决策级融合，其结构有串行、并行以及串并行混合等形式。

5.1.1 多源异构信息融合理论

（1）数据级融合。数据级融合是一种基本融合方法，对几种信号进行分析，形成数据关联模型,进行数据集融合并提取特征值,最后通过分类输出,如图5−1所示。融合后的信号和原始信号误差小且尽可能保留了原始信息，但无法处理多源异构信号，只适用于同个传感器或同类传感器的信息融合。在数据信息量大时，信号受干扰较强，该方法通常用于多种图像融合方面。

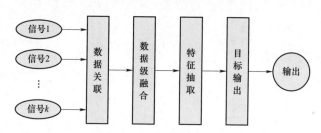

图5−1 数据级融合结构

（2）特征级融合。特征级融合方法是一种通过对多源信号进行特征提取和关联性分析，实现信号特征融合从而对目标状态进行识别的方法。这种方法不仅可以单独应用于单一传感器信号，还可以将不同传感器信号进行特征提取并进行关联层分析，最后通过特征融合层进行信号特征融合。相较于数据级融合方法，特征级融合方法更为智能化，且运算量较少、运行时间较短，但也存在一定程度降低信号精度的缺点。若要提高精度，可以采用提高特征提取算法的方法。特征级融合方法的结构如图5−2所示。

（3）决策级融合。决策级融合是比特征级融合更高一层次的融合结构，能对不同传感器信号进行数据融合，具有运算量小、融合时间短的优势，且数据的抗干扰能力强。其处理过程是进行特征提取和独立的识别决策，再将独立决

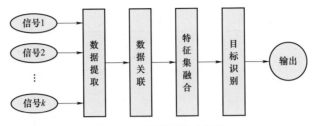

图 5-2　特征级融合结构

策进行关联性分析以识别目标。但它可能会导致信息丢失，从而降低识别率。决策级融合不要求信号源必须是同类。为适应实际需求并提高精确度和速度，需要找到适合多源异构信号融合的结构。决策级融合结构如图 5-3 所示。

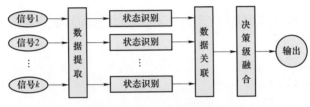

图 5-3　决策级融合结构

5.1.2　多源异构信息融合算法

基于异构信息融合结构的优缺点分析，并结合信号特点，选择不同的融合方法。信号融合需要考虑传感器信号特征和互补特性，因此选择适合的算法很重要，常用融合方法见表 5-1。

表 5-1　信息融合模型

融合理论	具体技术
估计理论及信号处理	UKF 滤波 KALMAN 滤波 WIENER 滤波器 加权平均法 统计推断理论 随机集理论
统计推断理论	假设检验法 多 Bayes 估计 D-S 证据理论 标量加权法 半参数变系数方法
信息论	最小描述长度法 ENTROPY 理论

续表

融合理论	具体技术
人工智能理论	模糊逻辑 深度神经网络 专家系统 遗传算法

人工智能方法中的信号融合对不同传感器信号的处理需求具备适应能力，并可对不确定信号进行融合识别。深度学习融合方法结合多源信息融合，可以对电力作业场景的声音和图像进行识别，具备自学习和自组织能力，并能表达复杂的函数模型。

5.2 电力作业实时态势感知与评估

考虑动态作业的复杂性和不确定性，结合生产作业特点，各个班组作为态势感知的基本单元，同时考虑交叉作业、高危作业等关键作业点，对变电站作业场景危险态势进行动态感知，危险态势的感知模型如图 5-4 所示。

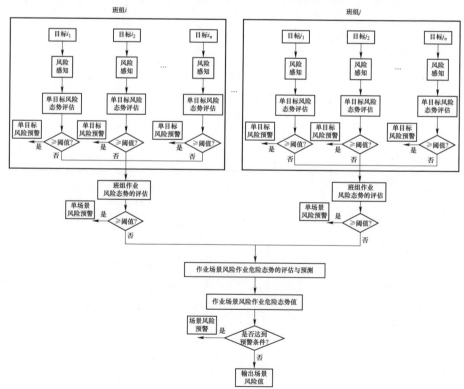

图 5-4 变电站作业危险态势的感知与预警系统组成

事故发生的最直接原因是物（包括环境）的不安全状态和人的不安全行为。从轨迹交叉理论中，可得出一个结论，仅仅对物和环境的不安全状态进行实时预警存在一定的限制，在有效控制安全事故发生方面存在不足；而只有对人员的不安全行为同时进行实时预警，才能更有效地减少安全事故的发生次数，提高现场的安全绩效。

5.2.1　融合多维信息的单目标作业风险实时评估

人员的不安全行为主要有三种类型，分别为靠近危险区域、未使用或错误使用安全防护用品和违规操作。靠近危险区域指的是人员所处的施工部位存在危险（处于或接近危险状态的施工区域）可以通过无线定位技术对人员的实时安全距离感知与预警来解决；未使用或错误使用安全防护用品，指的是人员进入施工现场进行施工作业时，未按照规定佩戴和正确使用安全防护用品（如未戴安全帽、安全帽未扣紧、未穿安全鞋、在进行脚手架搭设过程中未系安全绳等违规行为），可以采用视频智能识别技术解决。

基于上述分析，采用 UWB（UWB 附在可穿戴设备上，如安全帽）获得作业人员在变电站的位置信息，并通过已建立的变电站 1:1 三维模型计算出与带电设备的距离；通过摄像头获得作业场面的视频信息，通过无线网络传送监控服务器端，采用深度学习算法进行作业人员状态识别。对于获得的多维信息，如果存在违规行为，就进行危险报警；在不存在违规行为的情况下，进行危险态势感知与危险态势预警识别。

采用深度学习进行识别中，识别的结果以可信度（概率）表示，通过概率的大小实现危险预警；通过概率的变化趋势实现危险态势感知。

UWB 实现作业人员目标位置的采集，通过与带电设备的距离进行危险报警；通过与带电设备的距离变化趋势实现危险态势感知与预警，如图 5-5 所示。

1. 作业人员穿戴危险态势感知

识别的穿戴设备包括安全帽、安全带、工作衣裤、手套、工作鞋。为了提高网络对较小穿戴目标的检测能力，以第 4 章设计的 ResNet 网络进行穿戴目标的识别，如图 5-6 所示。

ResNet 网络实现对安全帽、安全带、工作衣裤、手套、工作鞋的正可信率 $p_{y,i}$（$i=1$、2、3、4、5，分别对应安全帽、安全带、工作衣裤、手套、工作鞋），同时也实现未穿戴安全帽、安全带、工作衣裤、手套、工作鞋的负可信率 $p_{n,i}$。

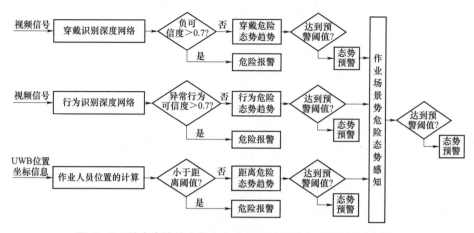

图 5-5　融合多维信息的作业人员危险预警与态势动态的感知

图 5-6　穿戴识别结果

作业人员（安全帽、安全带、工作衣裤、手套、工作鞋）穿戴情况危险报警与预警：

（1）以 0.7 为界，当 $p_{n,i} \geqslant 0.7$ 时，则认为没有佩戴设备，发出危险报警。

（2）在未发生危险报警的情况下，则对单个作业人员目标进行穿戴态势感知：定义 $A_{1,i}$ 为单个作业人员目标穿戴为 i 的正可信率参量；$B_{1,i}$ 为单个作业人员目标穿戴为 i 的质疑参量；$C_{1,i}$ 为单个作业人员目标穿戴为 i 的负可信率参量。令

$A_{1,i} = p_{y,i}$；

$C_{1,i} = p_{n,i}$；

如果，$p_{y,i} < 0.5$ 且 $p_{n,i} > 0.5$，则 $B_{1,i} = p_{y,i}$；

如果，$p_{y,i} > 0.5$ 且 $p_{n,i} < 0.5$，则 $B_{1,i} = -p_{n,i}$；

如果，$p_{y,i}<0.5$ 且 $p_{n,i}<0.5$，则 $B_{1,i}=p_{y,i}-p_{n,i}$。

作业人员（单人）穿戴作业态势（U_1）可以表示为

$$U_1 = A_1 k + B_1 n + C_1 m \tag{5-1}$$

其中 $\qquad A_1 = \dfrac{1}{5}\sum_{i=1}^{5}A_{1,i}, \quad B_1 = \dfrac{1}{5}\sum_{i=1}^{5}B_{1,i}, \quad C_1 = \dfrac{1}{5}\sum_{i=1}^{5}C_{1,i}$

式中：k、n、m 分别为正可信率参量、质疑参量与负可信率参量的单位矢量。

作业人员穿戴作业的正向态势趋势可表示为

$$\partial^{+}U_1 = \partial A_1 + \partial B_1 = \frac{A_1}{A_1+B_1} + \frac{B_1}{B_1+C_1}I_1 \tag{5-2}$$

式中：I_1 为正向质疑系数（$I_1 \in [0,1]$）。

作业人员穿戴作业的负向态势趋势可表示为

$$\partial^{-}U_1 = \partial A_1 + \partial B_1 = \frac{C_1}{B_1+C_1} + \frac{B_1}{B_1+C_1}J_1 \tag{5-3}$$

式中：J_1 为负向质疑系数（$J_1 \in [-1,0]$）。

作业人员穿戴作业态势的整体发展趋势可表示为

$$\partial U_1 = \partial^{+}U + \partial^{-}U = \frac{A_1}{A_1+B_1} + + \frac{C_1}{B_1+C_1} + \frac{B_1}{B_1+C_1}(I_1-J_1) \tag{5-4}$$

当 $\partial U_1 > 0$ 时，表明作业穿戴态势趋势向正方向发展，作业安全性在增强；当 $\partial U_1 < 0$ 时，表明作业穿戴态势趋势向负方向发展；当 $\partial U_1 = 0$ 时，表明穿戴态势趋势维持不变。

穿戴态势预警输出：当 $\partial U_1 < 0$ 的持续时间大于时间阈值 t_1（$t_1 = 10s$）时，则发生穿戴态势预警。

2. 作业人员行为危险态势感知

视频帧图像首先采用 OpenPose 提取骨架，再采用深度神经网络（deep neural networks，DNN）对骨架进行姿态的识别，输出各种姿态的可信度 $p_{2,i}$。这里进行姿态的识别姿态类别包括站立（包括行走）、下蹲正常姿态、吸烟、打电话、摔倒、依附禁止的姿态（分别对应 $i=1$、2、3、4、5、6），如图 5-7 所示。

单人目标危险行为报警：

以 0.7 为界，当 $p_{2,i} \geqslant 0.7$（$i=3$、4、5、6）则认为发生禁止事件，就发出危险报警；

对于单人，同一时间仅存在一个姿态类别。定义 A_2 单人目标正常行为可信率参量，B_2 是质疑行为参量，C_2 单目标异常行为可信率参量，令

图 5-7　骨架姿态识别

$$A_2 = (p_{2,1} + p_{2,2} + p_{2,3}) / 3 \qquad (5-5)$$

$$C_2 = (p_{2,4} + p_{2,5} + p_{2,6}) / 3 \qquad (5-6)$$

质疑行为参量 B_2 定义为单人目标在遮挡或摄像头角度不佳等情况下，出现行为无法被识别的情况，定义为

$$B_2 = \frac{10\text{s}内无法识别行为的时间}{10\text{s}} \qquad (5-7)$$

同理，作业人员（单人）行为态势（U_2）可以表示为

$$U_2 = A_2 k + B_2 n + C_2 m \qquad (5-8)$$

同理，作业人员行为的正向态势趋势可表示为

$$\partial^+ U_2 = \partial A_2 + \partial B_2 = \frac{A_2}{A_2 + B_2} + \frac{B_2}{B_2 + C_2} I_2 \qquad (5-9)$$

式中：I_2 为正向质疑系数（$I_2 \in [0,1]$）。

作业人员行为的正向态势趋势可表示为

$$\partial^- U_2 = \partial A_2 + \partial B_2 = \frac{C_2}{B_2 + C_2} + \frac{B_2}{B_2 + C_2} J_2 \qquad (5-10)$$

式中：J_2 为负向质疑系数（$J_2 \in [-1,0]$）。

作业人员行为的正向态势趋势整体发展趋势可表示为

$$\partial U_2 = \partial^+ U_2 + \partial^- U_2 = \frac{A_2}{A_2 + B_2} + + \frac{C_2}{B_2 + C_2} + \frac{B_2}{B_2 + C_2}(I_2 - J_2) \qquad (5-11)$$

当 $\partial U_2 > 0$ 时，表明作业穿戴态势趋势向正方向发展，作业穿戴安全性在增强；

当 $\partial U_2 < 0$ 时，表明作业穿戴态势趋势向负方向发展；当 $\partial U_2 = 0$ 时，表明穿戴态势趋势维持不变。

行为态势预警输出：当 $\partial U_2 < 0$ 的持续时间大于时间阈值 t_2（$t_2 = 10s$），则发生行为态势预警。

3. 安全距离的感知

安全距离感知通过 UWB 实现。对变电站进行 1:1 的 3D 建模，通过 UWB 实现运动目标的定位，以 3D 模型作为参考，并在 3D 模型中呈现，从而获得运动目标在变电站中的实时三维坐标。对于作业人员，附近有 5 个带电点，分别计算作业人员与带电点的真实距离 l_i（$i = 1$、2、3、4、5）。在变电站中，对定位电磁波遮挡严重，造成多径效应，实时位置信息波动较大，对于波动较大的 l_i 作为错误位置信息，将 l_i 分为正确的位置信息 d'_i 与错误位置信息 f_i 两类，采用下面的方法进行分类：① $l_i > T_d$ 时，则认为是错误的位置信息；② $l_i \leq T_d$ 时，则认为是正确的位置信息；③ $T_d = E_d + 2\sigma_d$，E_d 与 σ_d 分别为 l_i 在 10s 内的期望与方差。

根据不同电压的作业保持的最小间距 T_m，选择正确的位置信息 d'_i 计算作业人员的安全作业距离 $d''_i = d'_i - T_m$，并进行归一化处理 $\left(d_i = \dfrac{d''_i}{\max(d''_1, d''_2, d''_3, d''_4, d''_5)} \right)$，其中：

带电物为 10kV，$T_m = 0.7m + 0.5m$；

带电物为 110kV，$T_m = 1.5m + 0.5m$；

带电物为 220kV，$T_m = 3m + 0.5m$；

带电物为 330kV，$T_m = 4m + 0.5m$；

带电物为 500kV，$T_m = 5m + 0.5m$；

距离安全态势最小值为 $d_{\min} = \min(d_1, d_2, \cdots, d_5)$，min 表示取最小值；

距离安全态势最大值为 $d_{\max} = \max(d_1, d_2, \cdots, d_5)$，max 表示取最大值；

距离安全态势均值为 $d_{\text{mean}} = \dfrac{1}{5} \sum_{i=1}^{5} d_i$，mean 表示取均值。

（1）若 $d_{\min} < 0$，则进行危险报警；

（2）若 $d_{\min} \geq 0$，则进行危险态势感知与预测。

定义作业人员安全距离的 A_3 可信度参量，B_3 是质疑参量，C_3 单目标危险可信率参量，即

$$A_3 = \frac{1}{5}\sum_{i=1}^{5}\left(\frac{d_i}{d_{\max}}\right), B_3 = \frac{n_f}{n_l}, C_3 = \frac{1}{5}\sum_{i=1}^{5}\left(\frac{1}{d_i - d_{\min}}\right) \qquad (5-12)$$

式中：n_f 为前 10s 错误位置信息的个数；n_l 为前 10s 总共位置信息的个数。

同理，作业人员安全距离态势 U_3 可以表示为

$$U_3 = A_3 k + B_3 n + C_3 m \qquad (5-13)$$

作业人员安全距离的正向态势趋势可表示为

$$\partial^+ U_3 = \partial A_3 + \partial B_3 = \frac{A_3}{A_3 + B_3} + \frac{B_3}{B_3 + C_3}I_3 \qquad (5-14)$$

式中：I_3 为正向质疑系数（$I_3 \in [0,1]$）。

作业人员安全距离的负向态势趋势可表示为

$$\partial^- U_3 = \partial A_3 + \partial B_3 = \frac{C_3}{B_3 + C_3} + \frac{B_3}{B_3 + C_3}J_3 \qquad (5-15)$$

式中：J_3 为负向质疑系数（$J_3 \in [-1,0]$）。

作业人员安全距离态势趋势整体发展趋势可表示为

$$\partial U_3 = \partial^+ U_3 + \partial^- U_3 = \frac{A_3}{A_3 + B_3} + \frac{C_3}{B_3 + C_3} + \frac{B_3}{B_3 + C_3}(I_3 - J_3) \qquad (5-16)$$

当 $\partial U_3 > 0$ 时，表明作业人员安全距离向正方向发展，作业安全性在增强；当 $\partial U_3 < 0$ 时，表明作业安全距离向负方向发展；当 $\partial U_3 = 0$ 时，表明穿戴态势趋势维持不变。

穿戴态势预警输出：当 $\partial U_3 < 0$ 的持续时间大于时间阈值 t_3（$t_3 = 10\text{s}$），则发生安全距离态势预警。

4. 融合多维信息的作业人员态势动态感知与态势预警

将上述穿戴作业态势、行为态势与距离态势进行线性融合，得到融合多维信息的作业人员态势动态感知模型，融合模型如下。

作业人员（单人）作业整体态势 U 可以表示为

$$U = \alpha_1 U_1 + \alpha_2 U_2 + \alpha_3 U_3 = Ak + Bn + Cm \qquad (5-17)$$

其中

$$A = \frac{1}{3}\sum_{i=1}^{3}\alpha_i A_i, \quad B = \frac{1}{3}\sum_{i=1}^{3}\alpha_i B_i, \quad C = \frac{1}{3}\sum_{i=1}^{3}\alpha_i C_i$$

作业人员穿戴作业态势的整体发展趋势可表示为

$$\partial U = \frac{A}{A + B} + \frac{C}{B + C} + \frac{B}{B + C}(I - J) \qquad (5-18)$$

式中：I 为正向质疑系数（$I \in [0,1]$）；J 为负向质疑系数（$J \in [-1,0]$）。

同理，当 $\partial U > 0$ 时，表明作业穿戴态势趋势向正方向发展，作业安全性在增强；当 $\partial U < 0$ 时，表明作业穿戴态势趋势向负方向发展；当 $\partial U = 0$ 时，表明穿戴态势趋势维持不变。

作业人员（单人）作业整体态预警输出为：当 $\partial U < 0$ 的持续时间大于时间阈值 t_4（$t_4 = 10s$），则发生行为态势预警。

5.2.2 基于粗糙集理论的班组风险实时评估

对于综合作业的场景，对危险态势的实时评价较为复杂，这里以班组为单位进行作业场景的态势实时评价。以一个作业班组为例，设该班组有 10 个作业人员，对象集为 $X = \{X_1, X_2, \cdots, X_{10}\}$。作业风险来自多方面，选取主要的风险要素，包括安全意识（C_1）、个人能力（C_2）、设备状况（C_3）三个静态评价指标与穿戴情况（C_4）、安全距离（C_5）、环境参数（C_6）、作业高度（C_7）以及防护与异常行为（C_8）五个核心动态评价指标。

1. 数据的标准化处理

其中组织管理、个人能力与设备状况评价指标采用相应的评价方法进行评分，分值范围为 0～100。穿戴情况与作业区域防护主要采用图像识别技术进行评分，穿戴情况主要对安全帽、安全带与登高绳等穿戴设备进行识别；作业区域防护对护栏与警戒线的摆放的规范性进行打分，无须作业区域防护的作业，直接给满分；安全距离与作业高度采用 UWB 定位后进行估算，安全距离是作业人员与最近带电设备的最短距离，作业高度是人员离地面的距离，单位为米；环境参数根据实际的天气情况（雨雾、温度、风力等）参数进行评分，分值范围仍为 0～100。动态作业场景风险控制水平相关指标见表 5-2。

表 5-2　　　　　　　　动态作业场景风险控制水平相关指标

场景序号	C_1	C_2	C_3	C_4	C_5	C_6	C_7	C_8
X_1	85	75	26	90	5	85	5.6	90
X_2	80	77	8	85	3.5	77	3.2	80
X_3	85	82	21	90	2.1	64	1.5	90
X_4	85	76	13	90	3.2	86	0	100
X_5	80	88	16	80	4.1	62	8.2	85
X_6	79	83	14	80	1.5	73	7.2	85
X_7	82	83	31	80	1.2	65	0	100

续表

场景序号	C_1	C_2	C_3	C_4	C_5	C_6	C_7	C_8
X_8	85	76	28	85	2.3	90	0	100
X_9	90	89	9	90	2.9	75	2.3	75
X_{10}	85	80	6	90	1.5	67	3.5	80

2. 决策表的确定

（1）数据规范化。由于原始数据量纲不同，数据的方向性也有差异，为了便于比较，需要对原始数据进行规范化处理。为满足以下构造相似矩阵的需要，原始数据规范化处理分为两步，第一步是正规化将数据转化为均值为0，标准差为1的标准数，公式如下

$$y_{ij} = \frac{x_{ij} - \mu_j}{\sigma_j} \tag{5-19}$$

第二步是规范化将其转化为0~1的模糊数据。对于 C_1、C_2、C_4、C_5、C_6、C_8 数据，其值越大风险越小，采用的数据规范化方法为

$$z_{ij} = \frac{y_{ij} - \min(y_{ij})}{\max(y_{ij}) - \min(y_{ij})} \tag{5-20}$$

对于 C_3 与 C_7 的值越大风险就越大，采用的数据规范化方法为

$$z_{ij} = \frac{\max(y_{ij}) - y_{ij}}{\max(y_{ij}) - \min(y_{ij})} \tag{5-21}$$

通过式（5-20）和式（5-21）对风险要素进行标准化后的值见表5-3。从表中可以看出，风险要素的数值越大，其风险就越大。

表5-3　　　　　　　　　数 据 标 准 化 结 果

场景序号	z_{i1}	z_{i2}	z_{i3}	z_{i4}	z_{i5}	z_{i6}	z_{i7}	z_{i8}
X_1	0.55	0.00	0.55	0.55	0.55	0.55	0.55	0.55
X_2	0.09	0.14	0.08	1.00	0.61	0.54	0.39	0.00
X_3	0.55	0.50	0.60	1.00	0.24	0.07	0.18	0.45
X_4	0.55	0.07	0.28	1.00	0.53	0.86	0.00	1.00
X_5	0.09	0.93	0.40	0.00	0.76	0.00	1.00	0.36
X_6	0.00	0.57	0.32	0.50	0.08	0.39	0.88	0.25
X_7	0.27	0.57	1.00	0.00	0.00	0.11	0.00	0.64

场景序号	z_{i1}	z_{i2}	z_{i3}	z_{i4}	z_{i5}	z_{i6}	z_{i7}	z_{i8}
X_8	0.55	0.07	0.88	0.50	0.29	1.00	0.00	1.00
X_9	1.00	1.00	0.12	1.00	0.45	0.46	0.40	0.18
X_{10}	0.55	0.36	0.00	1.00	0.08	0.18	0.43	0.00

（2）确定决策类。通过数据规范化处理，以规范化参数作为评价指标将风险要素分成 3 级。具体为：[0,0.5)为低风险，[0.5,0.7)为中风险，[0.7,1]为高风险。按照上述 3 级风险要素，对 10 个对象的 8 个属性指标也进行分类，便得到了粗糙集理论的决策表，结果见表 5-4。从表中可知，每个样本条件属性和决策属性都不相同，没有冗余样本。

表 5-4　　　　　　　　　　粗 糙 集 决 策 表

场景序号	C_1	C_2	C_3	C_4	C_5	C_6	C_7	C_8
X_1	2	1	2	2	2	2	2	2
X_2	1	1	1	3	3	2	1	1
X_3	2	2	2	3	1	1	1	1
X_4	2	1	1	3	2	3	1	3
X_5	1	3	1	1	3	1	3	1
X_6	1	2	1	2	1	1	3	1
X_7	1	2	3	1	1	1	1	3
X_8	2	1	3	2	2	3	1	3
X_9	3	3	1	3	2	1	1	1
X_{10}	2	1	1	3	1	1	1	1

3. 确定评价指标的权重

通过以上决策表，对于变精度粗糙集方法求解评价指标的权重。这里以求解因素 C_1 为例：去除 C_1 风险因素，剩余 7 个风险因素，则只要有 4 个风险因素相同就可以划归一类，变精度系数为 $\beta=4/7\approx57\%$，此时构成的等价类为

$$C_1^{0.57}/U=\{(2,4,8),(3,6),1,5,7\} \tag{5-22}$$

正域为

$$\mathrm{POS}_{C1}^{0.57}(D)=\{1,5,7\} \tag{5-23}$$

分别计算重要度 $E(C_1)$、信息量 $I(C_1)$ 与依赖度 $\text{Sig}(C_1)$。同理，可求出其他属性指标的依赖度，并求得各评价指标的权重分别为：$w_1 = 0.09$、$w_2 = 0.11$、$w_3 = 0.12$、$w_4 = 0.13$、$w_5 = 0.19$、$w_6 = 0.12$、$w_7 = 0.14$、$w_8 = 0.11$。可见，8 个属性指标的权重都不相同，从而体现危险要素的权重差异。在粗糙集中，各个危险要素同等看待，而本书采用的变精度粗糙集挖掘的危险要素权重更能体现危险要素的特性，更符合客观事实。

4. 危险态势评估与预警

为了使评价结果更为客观，危险因素原始数据需要进行归一化。

$$\begin{cases} \mu_{ij} = \dfrac{1/x_{ij}}{\sqrt{\sum\limits_{i=1}^{N} x_{ij}^2}} & C_3, C_7 \\[4mm] \mu_{ij} = \dfrac{x_{ij}}{\sqrt{\sum\limits_{i=1}^{N} x_{ij}^2}} & \text{其他} \end{cases} \qquad (5-24)$$

将归一化值与对应的权值进行加权平均，便可以得到评价作业现场的最终风险评价值，结果见表 5-5。

表 5-5　　　　　　　　　作业场景危险态势评价的结果

场景序号	X_1	X_2	X_3	X_4	X_5	X_6	X_7	$X8$	X_9	X_{10}
危险态势概率 P_i	0.3862	0.2794	0.4042	0.3574	0.3271	0.285	0.3648	0.3512	0.3042	0.3532

由上评价结果可知，上述作业场景的发生风险的概率都较低。为实现对作业场景预警，将危险态势概率分为低风险、中风险、高风险、特高风险四个等级，其对应的概率见表 5-6。当动态作业处于中风险时，系统对该场景进行重点监测；当处于高风险时，系统发出警示信息进行纠正；当处于特高风险时，停止作业。

表 5-6　　　　　　　　　危险态势等级的划分

态势等级	低风险	中风险	高风险	特高风险
危险概率 P_i	[0,02)	[0.2,0.4)	[0.4,0.7)	[0.7,1]

5.2.3　基于多元联系数的作业现场危险态势综合评估

风险评估忽略了确定和不确定特性，同时静态现状分析较多，对风险动态变化的研究较少。多元联系数分析理论建立风险态势评估模型，适用于分析电力工程高危作业风险态势，并动态预测风险发展趋势。

1. 多元联系数分析理论基础

多元联系解决系统中确定和不确定问题的数学方法。通过联系数分析，建立待评价对象和理想方案的 2 个集合形成集对，从同异反角度计算联系度，定量分析不确定系统的同一性、差异性、对立性。

设定待评价对象和理想方案为集合 A、B 并构成集对 H，即 $H=(A, B)$。若集对 H 中存在 N 个特征总数，其中集合间共有特性数为 S，对立特性数为 P，F 为既不共有也不对立的特性数，即 $F=N-S-P$，集对的联系度 μ 表示为

$$\mu = \frac{S}{N} + \frac{F}{N}i + \frac{P}{N}j = a + bi + cj \qquad (5-25)$$

式中：S/N 为集合间的同一度，记作 a；F/N 为集合间的差异度，记作 b；P/N 为集合间的对立度，记作 c（$\forall a,b,c \in [0,1]$，且 $a+b+c=1$）；i（$i \in [-1,1]$）为差异标记符号；j（$j=-1$）为对立标记符号。

五元联系数与偏联系数是定量分析研究系统中评估对象在联系状态下的数学函数。联系数 μ 中，a、b、c、j 为宏观参数，i 为微观参数，扩展 b、i 部分，即可表示多元联系数

$$\mu = a + b_1i_1 + b_2i_2 + \cdots + b_ni_n + cj \qquad (5-26)$$

当 $n=3$ 时，即为五元联系数表达式，一般简记为

$$\mu = a + bi + cj + dk + el \qquad (5-27)$$

其中　$a,b,c,d,e \in [-1,1]; i \in [0,1]; j=0; k=[-1,0]; I=-1; a+b+c+d+e=1$

多元联系数的偏联系数为联系数表达式的求导形式，定量刻画了联系数的变化趋势，其中五元联系数的偏联系数为

$$\partial\mu = \partial a + i\partial b + j\partial c + k\partial d \qquad (5-28)$$

其中　　$\partial a = \frac{a}{a+b}; \ \partial b = \frac{b}{b+c}; \ \partial c = \frac{c}{c+d}; \ \partial d = \frac{d}{d+e}$

2. 施工企业高危作业风险评估指标体系

由于电力工程施工条件复杂、事故易发等原因，这里采用了《企业安全生产标准化基本规范》指导，结合现场和问卷调查分析，建立了四大方面（包含 20 个二级风险指标）的工程高危作业风险评估指标体系（如图 5-8 所示）。

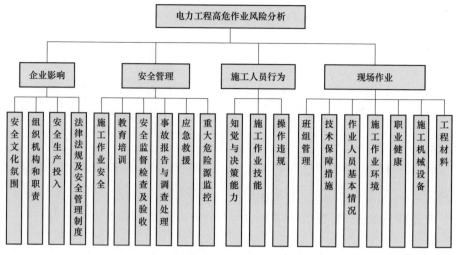

图 5-8　作业高危作业风险评估指标系统

3. 指标组合权重的确定

（1）熵值法计算权重。熵值法用于确定指标权重，依据各指标包含的有效信息量。熵值的大小反映事件发生的概率和有序程度，熵值越大则反映包含的有效信息量越少，权重也越小。在电力工程高危作业风险评估指标体系中，一级指标层 j 下的二级评价指标 i 的熵值计算原理可以表示为

$$H_i = q \sum_{j=1}^{N} p_{ij} \cdot \ln p_{ij} (i = 1, 2, \cdots, m; 0 \leqslant H_i \leqslant 1) \qquad (5-29)$$

式中：p_{ij} 为指标体系中一级指标层 j 下的二级评价指标 i 的特征比重。

$$p_{ij} = \frac{r_{ij}}{\sum_{j=1}^{N} r_{ij}}; q = -\frac{1}{\ln n} \qquad (5-30)$$

评估指标 i 的权值计算式为

$$\omega_i = \frac{1 - H_i}{m - \sum_{i=1}^{M} H_i} \qquad (5-31)$$

（2）序关系分析（G1）法计算权重。专家对评价指标集 $\{a_1, a_2, \cdots, a_m\}$ 进行分析时，依据相关评价准则进行指标间重要度比较，若认为某一评价指标 a_i 在评价体系中的重要度大于 a_j 时，记作 $a_i > a_j$。利用 G1 法对电力工程高危作业风险评估因素集 $\{x_1, x_2, \cdots, x_m\}$ 进行序关系排列，即

$$x_1^* > x_2^* > \cdots > x_m^* \qquad (5-32)$$

式中：x_m^* 为组成序关系后的单因素指标。

设 r_k 为相邻指标 x_{k-1} 与 x_k 间相对重要度，即 $r_k = \dfrac{\omega_{k-1}^*}{\omega_k^*}$，$r_k$ 的重要度取值参考表 5−7。指标 x_M 和 x_{k-1} 权重系数计算公式为

$$w_m^* = \left(1 + \sum_{k=2}^{M}\prod_{i=k}^{M} r_i\right)^{-1} \qquad (5-33)$$

$$w_{k-1}^* = r_k w_k^* \qquad k = m, m-1, \cdots, 3, 2 \qquad (5-34)$$

表 5−7   序关系相对重要度取值参考

r_k	说明
1.0	指标 x_{k-1} 比 x_k 同样重要
1.2	指标 x_{k-1} 比 x_k 稍微重要
1.4	指标 x_{k-1} 比 x_k 明显重要
1.6	指标 x_{k-1} 比 x_k 强烈重要
1.8	指标 x_{k-1} 比 x_k 极端重要

（3）组合赋权法确立权重。使用熵值法和 G1 法对电力工程高危作业风险分析进行指标赋权，综合考虑了主观和客观因素，充分利用了专家经验和数据信息。本书将结合这两种方法，确立电力工程高危作业风险分析指标组合权。

在组合赋权法中设 G1 法计算得到的权重为 ω_j^*，熵值法确立的权重为 ω_j'，组合赋权法确立的综合权重为 ω_j，计算公式为

$$\omega_j = \theta \omega_j^* + (1-\theta)\omega_j' \qquad j = 1, 2, \cdots, m \qquad (5-35)$$

式中：θ 为组合权重中的比重。

为保证参数 θ 选取的客观性，本书利用变异系数法求解，计算公式为

$$\theta = \frac{n}{n-1}\left[\frac{2}{n}(p_1^* + 2p_2^* + \cdots + np_n^*) - \frac{n+1}{n}\right] \qquad (5-36)$$

式中：n 为评价指标个数；$p_1^*, p_2^*, \cdots, p_n^*$ 为升序排列的 G1 法确立的权值。

4. 风险评估的同异反评估模型

为了评估电力工程高危作业的风险，将风险评语集分为五类状态等级，分别是低风险、较低风险、中等风险、较高风险、高风险。

考虑评估过程中的不确定性，引入评估指标的五元联系数，建立基于五元联系数的电力工程高危作业风险评估同异反评估模型，识别各评估指标与风险等级的相符程度，公式如下

$$\mu^+ = a + bj + cj + dk + el \qquad (5-37)$$

其中 $$i \in [0,1]; j = 0; k \in [-1,0]; l = -1$$

式中：a、b、c、d、$e(\forall a,b,c,d,e \in [-1,1]$，且 $a+b+c+d+e=1)$ 依次为五元联系数的同分量、偏同分量、临界分量、偏反分量、反分量，依次对应上述电力工程高危作业不安全行为风险等级标准。

考虑到电力工程高危作业风险评估因素权值对评估结果的影响，建立的风险因素指标权重计算方法为

$$\mu^+ = \omega_j \cdot \boldsymbol{R} \cdot \boldsymbol{E}^{\mathrm{T}} = (\omega_1, \omega_2, \cdots, \omega_j) \begin{bmatrix} u_{11} & u_{11} & u_{11} & u_{11} & u_{11} \\ u_{11} & u_{11} & u_{11} & u_{11} & u_{11} \\ \vdots & \vdots & \vdots & \vdots & \vdots \\ u_{11} & u_{11} & u_{11} & u_{11} & u_{11} \end{bmatrix} \begin{bmatrix} 1 \\ i \\ j \\ k \\ l \end{bmatrix} \qquad (5-38)$$

$$= \sum_{r=1}^{J} \omega_r u_{r1} + \sum_{r=1}^{J} \omega_r u_{r2} i + \sum_{r=1}^{J} \omega_r u_{r3} j + \sum_{r=1}^{J} \omega_r u_{r4} k + \sum_{r=1}^{J} \omega_r u_{r5} d$$

式中：μ^+ 为综合联系度；$\boldsymbol{E}(\boldsymbol{E}=[1,i,j,k,I])$ 为五元联系数的系数矩阵；$a = \sum_{r=1}^{j} w_r u_{r1}$，为同一测度分量，反映评估指标隶属"低风险"的程度；$b = \sum_{r=1}^{j} w_r u_{r2}$ 为差异测度偏同分量，反映评估指标隶属"较低风险"的程度；$c = \sum_{r=1}^{j} w_r u_{r3}$ 为差异测度居中分量，反映评估指标隶属"中等风险"的程度；$d = \sum_{r=1}^{j} w_r u_{r4}$ 为差异测度偏反分量，反映评估指标隶属"较高风险"的程度；$e = \sum_{r=1}^{j} w_r u_{r5}$ 为对立测度分量，反映评估指标隶属"高风险"的程度。

依据最大隶属度原则，比较 a、b、c、d、e 数值大小，即可确立电力工程高危作业风险评估的风险等级。

5. 风险的态势及趋势分析

（1）工程高危作业风险态势分析。

为进一步分析电力工程高危作业实际风险状况与理想参照集间的相互关系，根据集对势的定义，确立电力工程高危作业风险评估的五元联系数集对势

$$\mathrm{shi}(\mu^+) = a / c (c \neq 0) \qquad (5-39)$$

$$\begin{cases} a/c>1 & 同势 \\ a/c=1 & 均势 \\ a/c<1 & 反势 \end{cases} \qquad (5-40)$$

电力工程高危作业的风险等级被划分为同势区、均势区和反势区。同势区表示实际风险程度与理想风险参照集一致；均势区表示风险处于"低风险"和"高风险"相互变化阶段中；反势区表示实际风险程度与理想风险参照集对立，需要立即采取措施加大风险控制力度并降低风险等级，使风险态势向同势区变化。

通过比较五元联系数中联系分量大小关系，同时对比五元联系数系统同势态势表，确定电力工程高危作业风险态势势级。基于篇幅，本书给出部分相关同势态势，见表5-8。

表5-8 部分五元联系数同势姿态

势级	大小关系
1	$a>e,\ a>b,\ b>c,\ c>d,\ d>e$
2	$a>e,\ a>b,\ b>c,\ c>d,\ d=e$
3	$a>e,\ a>b,\ b>c,\ c>d,\ d<e$
4	$a>e,\ a>b,\ b>c,\ c=d,\ d>e$
5	$a>e,\ a>b,\ b>c,\ c=d,\ d=e$
⋮	⋮
65	$a>e,\ a<b,\ b<c,\ c<d,\ d>e$

在基于五元联系数的系统同势态势表中，共分为65个同势势级别。势级别的大小反映了实际风险与"低风险"等级之间的相似程度。势级别越小，电力工程高危作业的风险评估越接近理想的标准等级。此外，同势区中风险指标的数量越多，表示系统处于同势区的程度越高。

（2）工程高危作业风险趋势预测。利用集对分析理论，对电力工程高危作业风险进行了宏观层次上的评估，其中集对势为评估提供了基础。微观层面上则采用了偏联系数来分析系统的发展趋势，包括偏正联系数和偏负联系数。这两者共同组成了对研究对象的数学描述，并揭示了高危作业风险状况存在的矛盾运动。

偏正联系数刻画了评估系统中态势向较高层次演化的过程，体现了联系数的正向变化趋势，其计算式为

$$\partial^+\mu=\partial^+a+i^+\partial^+b+j^+\partial^+c+k^+\partial^+d \qquad (5-41)$$

其中
$$\partial^+ a = \frac{a}{a+b}\ ;\ \ \partial^+ b = \frac{b}{b+c}\ ;\ \ \partial^+ c = \frac{c}{c+d}\ ;\ \ \partial^+ d = \frac{d}{d+e}$$

偏负联系数刻画了评估系统中态势向较低层次演化的过程，体现了联系数的负向变化趋势，其计算式为

$$\partial^- \mu = \partial^- a + i^- \partial^- b + j^- \partial^- c + k^- \partial^- d \qquad (5-42)$$

其中
$$\partial^- b = \frac{b}{a+b}\ ;\ \ \partial^- c = \frac{c}{b+c}\ ;\ \ \partial^- d = \frac{d}{c+d}\ ;\ \ \partial^- e = \frac{e}{d+e}$$

全偏联系数是综合了联系数正向和负向变化，反映了系统中矛盾运动的发展趋势，其计算式为

$$\partial \mu = \partial^+ \mu + \partial^- \mu \qquad (5-43)$$

$$\begin{cases} \partial \mu > 0 & 正向发展趋势 \\ \partial \mu = 0 & 临界趋势 \\ \partial \mu < 0 & 反向发展趋势 \end{cases} \qquad (5-44)$$

5.3 作业现场风险预警与预测

作业现场预警主要包括单指标预警与多指标预警。模糊技术常用于危险态势的评估中，三指数平滑法与云模型是模糊技术常用的对不确定事件的评级方法，这里将指数平滑法应用于单指标危险预警的评价中。多指标预警模型相对更复杂，对于作业场景作业的复杂性，本书构建一种基于云模型的模糊综合预警方法，可以充分利用定量数据，使预警结果更加客观。

5.3.1 基于三指数平滑法的单指标预警模型

指数平滑法是一种时间序列分析预测法，根据任一期的指数平滑值都是本期实际值与前一期指数平滑值的加权平均，来修匀历史数据获得预测值，其具有操作简单、适合短期预测、对于平稳性数据与随机波动数据均适用等功能特点。

对单指标进行预警有利于实现对各种可能引起安全事故的因素进行监控，从微观的角度预测与控制安全状况与发展趋势。以作业的安全距离为例，安全距离预警指标可能会有逐步发展的趋势，安全距离可能在一段时间内既有增长又有降低。安全距离与时间的关系往往不是线性关系，其存在较多的突变的特点。指数平滑法在随机波动短期预测中的优势明显：二次指数平滑法适合线性

平稳型数据的预测；三次指数平滑法适合随机波动型数据的预测。针对作业预警参数的特殊性，本书采用三指数平滑法进行单指标风险预警与预测。

设预警指标监测值的时间序列为 $X_1, X_2, \cdots, X_t$ ，指数平滑在第 t 期 i 次指数平滑值为 $S_t^{(i)}$ ，根据指数平滑法的原理，三次指数平滑值计算公式

$$S_t^{(1)} = \alpha X_t + (1-\alpha)S_{t-1}^{(1)} \tag{5-45}$$

$$S_t^{(2)} = \alpha S_t^{(1)} + (1-\alpha)S_{t-1}^{(2)} \tag{5-46}$$

$$S_t^{(3)} = \alpha S_t^{(2)} + (1-\alpha)S_{t-1}^{(3)} \tag{5-47}$$

$$Y_{t+T} = a_t + b_t T + c_t T^2 \tag{5-48}$$

式中：T 为预警周期；Y_{t+T} 为预测周期为 T 天的第 t 期的指标预测值；a_t、b_t、c_t 均为平滑系数；α 为平滑系数（应在 0～1 取值）。

a_t、b_t、c_t 计算公式为

$$a_t = 3S_t^{(1)} - 3S_t^{(2)} + S_t^{(3)} \tag{5-49}$$

$$c_t = \frac{a^2}{2(1-a)^2}[S_t^{(1)} - S_t^{(2)} + S_t^{(3)}] \tag{5-50}$$

$$b_t = \frac{a}{2(1-a)^2}[(6-5a)S_t^{(1)} - 2(5-4a)S_t^{(2)} + (4-3a)S_t^{(3)}] \tag{5-51}$$

在利用以上公式迭代计算时，需要估计 $S_0^{(1)}$ 产的值，$S_0^{(1)}$ 实际是 $t=0$ 以前的历史指标值的加权平均值。当监测期较长时，经过三次指数平滑后，$S_0^{(1)}$ 的作用对结果影响较小。初始值可取前三个指标值的平均值即

$$S_0^{(1)} = S_0^{(2)} = S_0^{(3)} = (X_1 + X_2 + X_3)/3 \tag{5-52}$$

α 可取较小值，重视历史数据的意义；α 可取较大值，从而弱化历史数据。作业场景中，大部分危险因素持续不变，指数平滑法适用于作业人员危险因素的短期预测，随着预测期的增加，其精度逐渐降低。因此，通过随时增加新的实际数据的方式及时更新信息，模型能及时反映系统的最新信息。

5.3.2　基于云模型的多指标预警模型

云模型通过数学运算多次将定性描述转化为定量数值，转化过程带有模糊性。一个云滴是定性语言在定量论域上的一次转化，在坐标中即为多个离散点，每一个点代表一个随机事件，因此转化的过程带有随机性。云理论结合了模糊理论与随机理论来研究定性语言与定量值转化的不确定性规律。

云模型的整体特性可用 Ex（期望值）、En（熵）和 He（超熵）这 3 个数值

来反映定性概念的定量特性，如图 5-9 所示。

① *Ex*（期望值）：期望值是所有云滴在论域中分布的中心值，其所对应的云滴是云图的重心，其隶属度为 1。

② *En*（熵）：熵用来度量定性概念的不确定性，反映这个定性概念能够接受的数值范围，熵越大，定性概念语言值越具有模糊性。

③ *He*（超熵）：超熵是熵的熵，反映了云滴的离散程度，*He* 的大小由 *Ex*、*En* 共同确定，*He* 越大反映云滴的隶属度越具有随机性，云层越厚。

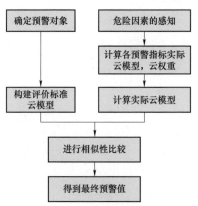

图 5-9　基于云模型的综合预警流程

云模型的优势就在于定性定量转化的同时兼顾变量随机性与模糊性，并且它适用于多危险因素动态的作业。其在定性指标体系中的应用流程如图 5-9 所示，本节详细介绍模型构建步骤。

（1）确定预警对象。根据之前的分析可以得出，作业人员的实时状态、作业环境以及个人技能等都是评价指标的一部分，通过对多个危险参数进行综合预警。

（2）构建警度语言标准云模型。标准云模型在评判中有助于划定警度和确定警限。一旦得出实际的综合云模型，就可以将其与标准云模型进行比较，以此作为判断危险等级的依据。书中将定性语言值范围设定在[0,1]，并采用基于黄金分割的模型驱动法来分割此定性语言值的范围。该方法可以根据云的 *En* 和 *He* 值的大小来判断其接近或远离论域的中心，进而确定标准云模型的警度划分，见表 5-9。通过正向云发生器可得到标准云图，如图 5-10 所示。

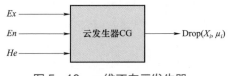

图 5-10　一维正向云发生器

表 5-9　　　　　　　　　　　　评价语言标准云模型

预警等级	预警信号	云模型
无风险	绿色无警	Cloud1(1, 0.10, 0.010)
一般风险	蓝色预警	Cloud2(0.7, 0.06, 0.008)

预警等级	预警信号	云模型
显著风险	黄色预警	Cloud3(0.5,0.04,0.006)
高风险	橙色预警	Cloud4(0.3,0.07,0.009)
严重风险	红色预警	Cloud5(0,0.11,0.012)

（3）计算实际云模型。通过现场感知的危险因素数据，进行数据规范化处理后，最大值和最小值分别利用逆向发生器云算法计算出反映定性概念的数字特征 $C_{max}(Ex_{max}, En_{max}, He_{max})$ 和 $C_{min}(Ex_{min}, En_{min}, He_{min})$，最后运行正向云发生器即可得到每个预警指标的实际云模型 $C(Ex, En, He)$ 的云图。

$$Ex = (Ex_{max}En_{max} + Ex_{min}En_{min}) / (En_{max} + En_{min}) \qquad (5-53)$$

$$En = En_{max} + En_{min} \qquad (5-54)$$

$$He = (He_{max}En_{max} + He_{min}En_{min}) / (En_{max} + En_{min}) \qquad (5-55)$$

（4）云图比较的预警判断。由各个指标权重集合与云模型集合加权求和得到最终的云模型，运算规则为

$$RC_i = \sum_{i=1}^{N} A_i W_i \qquad (5-56)$$

由最终的云模型参数生成实际云图。再将实际云图与标准模型的五个等级进行比较，确定实际云图与哪个预警等级相似，从而判断预警结果，如图 5-11 所示。

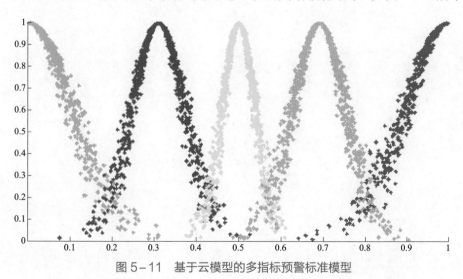

图 5-11 基于云模型的多指标预警标准模型

6 作业现场风险智能管控体系

以变电站为例，建立变电站的静态场景精细三维模型、作业现场动态对象的精细三维模型库（如施工车辆、作业人员等）。变电站作业采集的信息包括带电气状态信息、视频监控服务提供的视频图像信息、北斗定位信息、变电站反违章作业规则信息等。系统结合高精度三维空间信息，基于碰撞检测等算法进行作业推演仿真以及对移动目标进行在线误操作、误触碰、误入带电区域等危险态势感知，实现作业实景监控、实时预警，如图 6-1 所示。

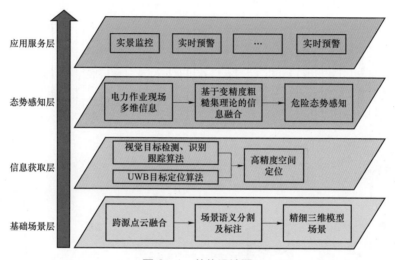

图 6-1 总体设计图

作业现场的危险态势感知与智能安全管控系统从作业现场防范电网、设备和人身安全事故的需求出发，针对误入带电区域、安全距离不足、误碰设备设施等安全隐患，同时基于精细化三维场景建模、高精度目标定位技术以及危险态势感知技术，实现基于精细化三维场景建模的作业实景监控、作业管理、推演仿真、告警管理等功能，从而完成作业计划、准备、实施、监督、应急等关键环节的管控，系统整体方案如图 6-2 所示。系统分为基础场景层、信息获取层、态势感知层、应用服务层。

6.1 硬件系统设计

基于多维信息融合的作业现场安全管控总体方案如图 6-3 所示。在作业场景安装多个摄像头，实现作业场景的全方位覆盖。服务器通过互联网将它传给远程监控端，实现作业场景的实时监控。服务器具有较强的运算能力，能完成多维信息的性能融合处理、深度学习运算等功能。

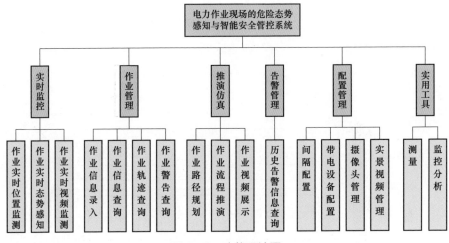

图 6-2　功能设计图

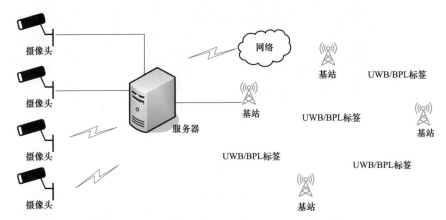

图 6-3　基于多维信息融合的作业现场安全管控总体方案

6.1.1　视频感知模块

图像采集设备的选择考虑到了成本因素和拍摄的清晰度，其中 Wi-Fi 传输模块的选择应当考虑到传输速率、稳定性和成本因素，计算机终端则需要有足够的算力。综合考量后，采用的硬件配置如表 6-1 所示。

表 6-1　　　　　　　　穿戴识别方案的硬件配置清单

硬件型号	描述
OV2640	CMOS（1632×1232）200 万像素，8 位或 10 位图像数据，UXGA 15 FPS

续表

硬件型号	描述
ESP32-CAM	围绕 ESP32-S 设计的 MCU。2.4GHz 主频，600DMIPS。内置 520KB SRAM，外置 8MB PSRAM。支持 OV2640 和 OV7670 摄像头，支持图片 Wi-Fi 上传
Legion R70002021	处理器为 AMD Ryzen 5 5600H，显卡为 NVIDIA GeForce RTX 3050 Laptop GPU。内存为 16GB RAM。Windows 10 操作系统

其中 OV2640 输出的图像可以按比例缩小到最小 40×30，相应地增加帧数。ESP32-CAM 为一款基于 ESP32-S 的开发板，可以使用集成开发环境 ARDUINO 作为烧录工具，通过 2.4G Wi-Fi 信号与计算机通信。该模块具备有限的图像处理能力，如图片裁剪、自适应曝光等。计算机终端作为软件处理的主要平台，并不限定具体型号，但须具备运行深度学习预训练模型的算力。

6.1.2 定位模块

在 UWB 定位系统中，定位基站的布置决定了 UWB 定位的维度（零维、一维、二维、三维），定位基站可以设置为固定和移动两种情况。

UWB 定位基站与定位标签之间主要有两种方式来进行通信：ToF 与 TDoA。UWB 定位基站主要组成框图如图 6-4 所示。

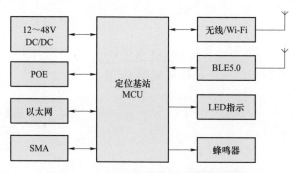

图 6-4　UWB 定位基站主要组成框图

UWB 标签是一种基于 UWB 技术开发的用于定位的电子设备，该设备根据应用场景的不同的需要选择不同的型号和样式来满足现场定位的需求，是 UWB 定位系统的组成部分之一。目前在工程中常用的 UWB 标签有安全帽 UWB 定位标签、工牌 UWB 定位标签和 UWB 手环定位标签。UWB 定位标签的具有如下特征：

① UWB 标签可以固定在物体、车辆、人员身体、头盔等地方上使用。

② 标签结构设计适合于多种安装固定形式,可通过螺钉固定,也可以通过扎带捆绑的方式固定,还可以做成磁卡的样式放置在胸卡中。

③ 标签体积小巧,适用于多种应用场合。

④ UWB 标签发出的脉冲信号通过定位基站接收和传输。每一个标签都各自有唯一的 ID,这唯一的 ID 可以将被定位的物体和标签联系起来,使定位基站通过标签找到实际定位的位置。

⑤ UWB 标签传输信号持续时间很短,发射功率极低,能够允许成百上千的标签同时定位。

UWB 定位标签有 VDU1506、FU-GT-HM-01 和 EH100602A13-P 等,可以便携植入安全帽中,如图 6-5 所示。

图 6-5　UWB 定位标签

UWB 定位标签一般由主控模块、电源模块和 UWB 信号收发模块组成,结构图如图 6-6所示。

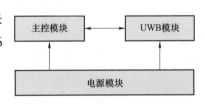

图 6-6　UWB 定位标签结构图

6.1.3　信息传输

6.1.3.1　基于 UWB 的 WSN 网络传输技术

UWB 的工作范围为 3.1~10.6GHz,实现亚纳秒级的基带窄脉冲信号作为载体进行无线通信。在短距离的数据传输中,UWB 技术在低功率的情况下,传输速率可以达到几十甚至数百兆比特每秒,通信带宽达到 7.5GHz,传输最大距离为 100m。

UWB 的典型网络拓扑结构包括星形网络拓扑结构、树状网络拓扑结构以及网状型网络拓扑结构。星形网络拓扑结构由一个协调器节点和多个终端节点组成，协调器节点与终端节点之间可以相互通信，但终端节点之间不能相互通信；树状网络拓扑是星形网络拓扑的一种扩展，以倒树形的分级结构呈现，包含根节点和各分支节点，节点之间按照层次连接，信息交换主要在上下节点之间进行；网状型网络拓扑结构中每个节点至少连接两个节点，即每个节点至少有两条通信链路。

考虑到 UWB 技术的研究现状和实际应用需求，并根据作业场景与数据传输需求，本书选择树状网络作为无线网络拓扑结构，以实现 UWB 定位数据传输。由于 UWB 技术尚没有成熟的协议栈，因此树状网络和星形网络很容易实现和应用。树状结构相比于星形网络具有更强的扩展性，同时相比于网状结构，该结构更简单，易于控制和维护。因此，选择树状网络作为 UWB 定位数据传输的网络拓扑结构。

6.1.3.2 无线网络的视频传输技术

在无线网络中，连接互联网的过程与网络结构中的硬件设备质量息息相关，尤其是光纤、路由等硬件。目前，家庭使用的 Wi-Fi 无线网络连接互联网的过程如图 6-7 所示。在这个过程中，光线路终端（OLT）作为通信网络的管理设备为网络连接提供支持。终端设备按照 Ethernet 帧格式封装数据，并通过路由连接无源光分路器，然后通过上行信道传输到 OLT 以完成传输。之后，OLT 再通过交换机将数据发送到网络中。在 Wi-Fi 无线网络中，硬件设备的质量、带宽的参数的不同直接影响着网络连接的质量。因此，在建立 Wi-Fi 无线网络时，需要选择性能较好的路由等设备来提高网络连接质量，如图 6-7 所示。

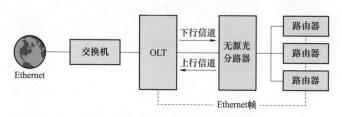

图 6-7 Wi-Fi 网络连接过程图

作业监控视频数据量大，在 Wi-Fi 网络中，由于带宽的限制，大数据量的传输需要拆分多次才能进行传输，大大影响着传输的效率。不同的视频编码算法的编码基本原理类似，但是采用的算法相差较大，综合考虑算法的复杂度与视频质量要求，选用对硬件要求更低的 H264 编码格式。

6.2 软件系统设计

6.2.1 软件总体框架

作业人员现场危险态势感知与智能风险管控系统软件系统包括客户端三维引擎、数据服务、视频融合服务。客户端三维引擎负责用户在浏览器中交互、应用；数据服务负责系统的登录认证、数据存储、定位数据接入转发；视频融合服务负责对各种网络硬盘录像机（network video recorder，NVR）、网络摄像机（IP camera，IPC）实时视频流进行加工、格式转换，传输给客户端进行视频融合、告警视频展示。其整体架构图如图6-8所示。

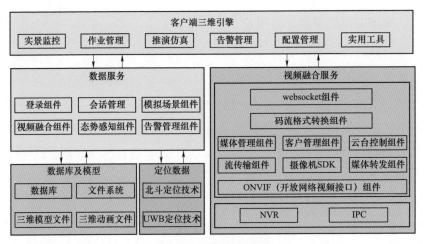

图6-8 系统架构图

作业人员现场危险态势感知与智能风险管控软件系统采用 B/S（浏览器/服务器）架构搭建，实现良好的解耦性与兼容性。同时，在系统维护上具有零成本优势，只要具备网络、浏览器即可完成监控数据查询、深度学习模型更替等功能。在未来的功能扩展上也可以通过直接修改网页端内容完成服务器功能调整。

基于多维信息融合的作业现场安全管控系统以 Springboot3.0 框架搭建后端服务系统，以 VUE3.0 框架搭建前端人机监测显示界面，采用 MySQL 数据库作为监测数据存储模块，如图6-9所示。在开发过程中通过 Swagger 实现网页端与后台数据交互的调试工具，对传输的监测视频流数据与数据库监测信息数据进行接口测试。最终将监测系统部署于 Nginx 轻量级服务器，从而满足在占用极少内存资源前提下，保持高性能低能耗的工作状态，以及通过简洁的配置文件设置即可实现高强度的负载能力。

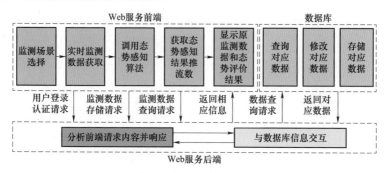

图6-9　监测软件功能模块

6.2.2　态势感知模块

以目标识别深度学习模型与定位信息为核心搭建作业人员现场危险态势感知与智能风险管控系统。态势感知系统主要对设施运行状态以及运维人员装备状态进行实时监测，并且将监测结果在网页端实时显示。此外该系统还支持将监测数据通过物联网平台转存到数据库，便于向设施物联网平台提供监控数据来实现进一步的决策调度。态势感知系统设计方案如图6-10所示。

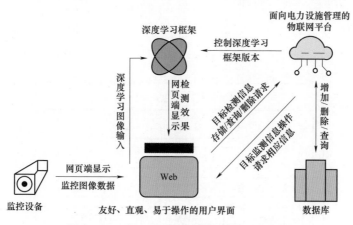

图6-10　电力作业现场感知总体设计方案

在建立作业现场态势感知系统时，需要将基于Java开发的Web服务端和基于Python开发的目标检测算法进行功能调度和交互。由于两者之间的代码构成不同且使用不同的框架，因此需要编写脚本文件以实现两者之间的功能交互。首先，编写Python脚本文件来调用OpenCV的VedioCapture函数，以rstp格式获取 Web 服务端中的视频流数据作为目标检测算法的输入数据。然后，利用 OpenCV 库函数读取 Darknet 框架下的 weight 权重模型，完成目标检测功能后，建立 pipe 管道，发送检测后的监测视频流数据到 Web 服务端。同时，还需要建立用于更替深度学习模型的 Python 脚本，便于响应来自 Web 服务端的模型更新操作。人机状态监测系统中 Web 服务端与目标检测算法之间的调用流程如图 6-11 所示。

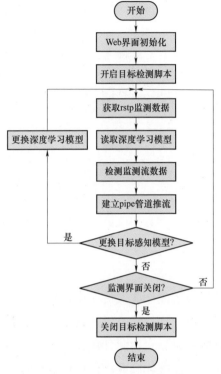

图 6-11　作业现场监测系统 Web 服务器与目标检测算法流程图

6.2.3　实时视频与三维场景融合

视频与三维模型的实时融合是在三维模型中通过弹出视频窗口或嵌入视频方式展示现场实时视频，是安全作业管控、告警联动的重要手段。视频与三维模型的实时融合包括视频融合服务、融合视频编辑。视频融合服务从各种 NVR/IPC 设备中获取实时视频流，经过加工处理、格式转换后提供给前端进行视频融合、弹出视频、视频漫游、云台转动操作。视频融合服务架构图如图 6-12 所示。

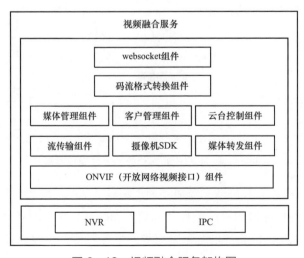

图 6-12　视频融合服务架构图

客户端得到标准的 FLV（flash video）视频流后，客户端通过 flv.js 对视频流进行解码，通过在三维场景中融合或弹出方式显示实时视频。

视频与三维模型的实时融合渲染，是对视频与对应模型抠图，以及对融合视频进行矩形或圆形裁剪、位置调整、尺寸调整、旋转等操作，将真实的视频融合在实景三维模型中。

其核心技术是如何让二维的视频与三维模型渲染一致，即当鼠标在操作模型左右、上下旋转、平移、放大、缩小时，二维的视频都要跟着渲染变化。主要研究以下两种实现方案。

（1）基于三维模型的实时渲染技术，实时获取用户操作的动作事件，获取放大、缩小、左平移、右平移、上平移、下平移、绕 X 轴旋转＋旋转角度、绕 Y 轴旋转＋旋转角度、绕 Z 轴旋转＋旋转角度等事件，采用模型实时渲染技术实现二维视频与三维模型的实时渲染融合和展示；

（2）三维模型渲染技术基于模型显示技术中的摄像机视角数据信息，根据模型转动的视角实时更新二维视频的视角，即可实现二维视频与三维模型的实时渲染融合和展示。

在实际应用中，监控视频采集的数据与三维模型存在天气、光线等方面的不同，导致在融合时会有明显的缝隙，这里基于图像加权融合技术实现交界处过滤无缝融合。

加权平均图像融合算法的原理：对原图像的像素值直接取相同的权值，然后进行加权平均得到融合图像的像素值（比如要融合两幅图像 A、B，那它们融合后的图像的像素值就是 $A \times 50\% + B \times 50\%$）；但是本书应用的对象是视频数据与三维模型的纹理数据之间的融合，需要将视频数据按帧率提取为图像数据，然后基于加权平均图像融合算法融合图像之后，再转换为视频数据，最后再进行三维模型与视频数据的渲染展示。视频融合效果图如图 6－13 所示。

6.2.4　风险评估与预警模块

（1）作业态势的实时评价与呈现。作业现场危险态势感知与评价系统将集合上述作业场景的多维信息，采用本书研发的态势感知与评价方法，对作业场景的态势进行实时感知与评价，实测多维信息融合的作业现场危险态势感知与评价系统如图 6－14～图 6－16 所示。

图6-13　视频融合效果图

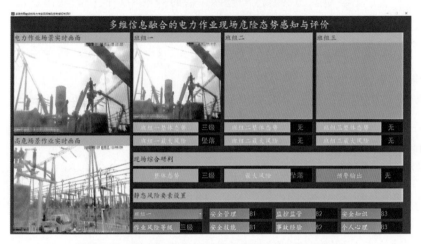

图6-14　作业场景的作业现场危险态势感知与评价

图6-15　单场景的作业现场危险态势感知与评价

图 6-16　工程检修车高危作业态势感知与评价

（2）吊车安全作业监测。吊车安全起吊 A 相套管后，依托安装于吊车吊臂顶端的定位装置，实时向系统回传吊臂三维定位信息。当吊臂在距离上方母线 1m 处时，系统自动侦测并发出告警信息，及时提醒吊车安全监护人员，防止人员误碰站内设备，如图 6-17 所示。

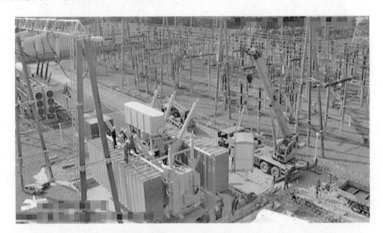

图 6-17　吊车指挥人员在系统指引下调正吊臂位置

（3）作业人员防高坠监测。在更换套管作业过程中，系统监测到一名作业人员在Ⅰ号主变压器中性点区域利用绝缘体登高进行作业时，无人员监护且无人扶梯，存在高处坠落风险。系统及时向安全监督人员发出提醒（如图 6-18 所示），并及时调整布置于中性点区域的云台终端，锁定该名人员等待安全监督人员提醒纠正（如图 6-19 所示）。

（4）无关人员误入作业现场监测。系统依托人脸识别与智能算法技术，联动布置在 220kV 的变电站的摄像云台终端，对更换Ⅰ号主变压器 A 相套管作业

图 6-18　系统发出人员高坠告警

图 6-19　系统锁定高处作业违章人员

范围内的作业人员数量实施监测。当系统监测到作业范围内作业人员数量与工作票作业人员人数不一致时，系统自动记录人员闯入时间、位置等信息，在监控界面展示提醒，并通过语音报警等形式及时向安全监督人员发出警报，从而提醒相关人员及时退出作业区域，如图 6-20 所示。

图 6-20　系统监测发现无关人员进入作业现场

6.3 场景应用

6.3.1 220kV变电站主变压器综合改造作业现场应用

某供电公司对 220kV 变电站 I 号主变压器及 10kV 开关柜进行了综合改造。该项作业包含旧设备拆除，变压器、10kV 总路电抗器、隔离开关、母线桥、穿墙套管、开关柜、电容器安装与特殊试验，其中多项作业都涉及高空作业、吊车吊装与误入带电间隔等风险。为实现作业现场风险点分析全覆盖，有效地管控作业风险，国网某供电公司应用作业现场危险态势感知与智能安全管控系统对典型作业现场（更换 I 号主变压器 A 相套管）涉及的作业风险进行了推演仿真与风险识别，重点对吊车作业安全、人员误入带电间隔、人员高处坠落等相关风险进行了实时识别、预测与监控，为吊车作业、登高作业和人员安全提供了智能化辅助决策。

6.3.1.1 更换 I 号主变压器 A 相套管作业前推演实景监控

该项作业需吊车行进至指定位置，人员登高拆除 I 号主变压器原 A 相套管，吊车将原 A 相套管吊装至指定位置。随后吊车吊装新套管，人员登高完成安装。其涉及吊车行径路线勘查错误、吊车起吊质量超过允许值、吊臂或被吊物误碰周边设备、作业人员跨越安全围栏以及登梯无人看护等多个风险点。作业开始前，工作负责人对更换 I 号主变压器 A 相套管涉及的风险点进行识别。

1. 吊车行进路径推演

首先选定 220kV 变电站内带电区域（如图 6-21）所示。其次按照"与 220kV

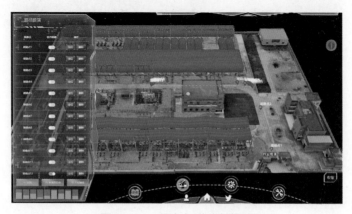

图 6-21 吊车行进路径推演

带电设备保持 3m 及以上安全距离；与 110kV 带电设备保持 1.5m 及以上安全距离；与 10kV 带电设备保持 0.7m 及以上安全距离"的规则设置吊车安全行进路线规则（如图 6-21 所示）。最后开展吊车行进路线推演，踏勘路径是否全部满足安全距离的要求，以及有无设备碰撞风险，提前规避危险源，明确最优行驶路径（如图 6-21 所示）。

同时，多维信息智能安全管控系统还支持与作业票联动，在系统中设置带电设备信息、安全距离、停电时间、风险区域等作业关键信息，一键自动完成吊车行进路线推演。

2. 三维模型中吊装过程风险管控

多维信息智能安全管控系统通过实时计算吊车吊臂抬升角度、半径、起重高度、起吊质量等参数模拟吊装作业过程，确保起吊过程安全可控，避免因超出起吊质量起吊导致的吊车倾覆等不安全事故发生。同时该系统能智能识别起吊过程中吊臂误碰上方母线，以及识别吊车支腿伸展时与其他设备干涉等潜在风险信息，并提供吊车吊臂抬升角度、吊臂旋转角度、最大臂长、最大起吊质量等极限参数，向作业人员提供了安全吊装详细技术支撑。例如，当吊车吊臂抬升角度达到 23°，吊车臂长伸至 9.85m 时，吊车臂端部离地高度 8.03m。在此工况下，安全起吊质量为 1.76t，吊车吊臂右转 90° 后，与变电站 220kV 母线距离不足 1m，不满足安全距离要求，如图 6-22 和图 6-23 所示。

图 6-22 吊装过程监控（吊车臂右转 90°后与导线碰撞）

6.3.1.2 更换Ⅰ号主变压器 A 相套管作业风险监测与预警

更换Ⅰ号主变压器 A 相套管开始后，系统实现了基于该作业场景的实时监控与风险点实时预警，包括作业实景监控、作业人员运动轨迹监测与预警、吊

图6-23 吊装过程监控(吊车臂右转90°后与导线碰撞)

车安全作业监测与预警、作业人员防高坠监测与预警,以及无关人员误入作业现场监测与预警等功能。

1. 人员运动轨迹监测

由于该变电站为运行变电站,除了工作区域为停电状态外,其余设备均为带电状态。为了防止作业人员误入带电间隔或误碰带电设备,变电站运行人员设置了安全围栏以保证人员安全。系统依托新的厘米级 UWB 定位算法,全过程记录了作业人员的运行轨迹。作业过程前期,作业人员均在作业区域内作业,没有人员进入安全围栏以外的区域,如图6-24与图6-25所示。

图6-24 作业实景监控

作业过程中,系统监测到一位作业人员运行轨迹已超出安全范围,随即发出告警,并调动现场云台锁定该名人员,等待安全监督人员提醒纠正,如图6-26所示。

图 6-25　系统记录的作业人员运动轨迹

图 6-26　系统锁定轨迹超越安全范围的人员

2. 吊车安全作业监测

吊车安全起吊 A 相套管后，依托安装于吊车吊臂顶端的定位装置，实时向系统回传吊臂三维定位信息。当吊臂在距离上方母线 1m 处时，系统自动侦测并发出告警信息，及时提醒吊车安全监护人员，防止其误碰站内设备，如图 6-27 所示。

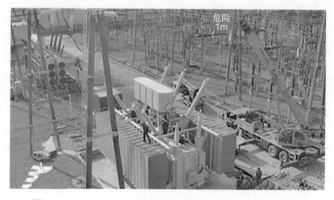

图 6-27　吊车指挥人员在系统指引下调正吊臂位置

6.3.2　安全工器具检测中心应用

某公司安全工器具质量监督检测中心可开展工器具检测试验，覆盖形式试验、预防性试验等项目。安全工器具检测中心的试验项目主要为电气性能试验和力学性能试验，存在人身触电、高处坠落、外力破坏等安全风险。为了有效地管控中心检测作业现场，其在检测中心布置了多维信息态势感知安全管控系统，重点对接地线脱落、操作人员未站在绝缘垫上、试验结束放电棒是否悬挂绝缘杆等相关风险点进行识别与监控，以监督标准化检测流程执行情况，及时发现检测现场的安全风险隐患，以确保人员、设备安全。

系统运用跨源点云融合技术建立了某公司安全工器具质量监督检测中心实验室大楼及实验设备的三维精细化模型，包括安全带实验室、登高类机械实验室、高压实验大厅、绝缘杆实验室、绝缘鞋实验室等。

6.3.2.1　实景三维融合

通过获取现场的摄像头拍摄到的视频流中每一帧图像，并对其进行处理来检测、识别和跟踪动态目标对象，同时结合 UWB 定位来获得更精确的定位信息。根据动态目标对象的特点，将其分为固定目标（如安全围栏、仪器设备）和移动目标（如人员、开关、指针）。对相对固定的目标对象识别，根据其定位信息，实现精细三维场景几何模型、纹理模型的实时更新；对于移动目标，在三维几何模型更新的同时，基于对变电站摄像机预置位的智能管理研究成果，创新地将作业现场视频与三维实景模型进行实时的无缝融合，从而提供直观、实时的三维可视化效果，如图 6-28 所示。

图 6-28　作业现场视频与三维实景模型融合（控制台部分）

6.3.2.2　绝缘杆预防性试验安全管控

绝缘杆类电气实验室配备安全工器具综合试验系统、低压耐压仪、验电器起动电压试验架等设备。可开展对绝缘杆、验电器、核相器、接地棒、绝缘滑车、绝缘托瓶架、绝缘绳、绝缘夹钳、绝缘隔板等工器具的检测试验。以绝缘杆检测现场为例，利用实验时序中的屏幕文字或指示灯、安全实验规范存在的风险点等信息，并结合视频分析服务的图像学习算法，进行风险识别、告警推送，如图 6-29 所示。

图 6-29　绝缘杆检测现场安全管控界面

在 10kV 绝缘杆检测试验中，涉及风险识别启动、作业风险识别、风险预警等过程。试验确定开始后，系统通过安装在作业现场的摄像云台终端识别绝缘杆检测系统显示牌上的"试验开始"字样，将其作为试验开始的标准触发动作，开始执行试验过程风险识别；系统通过摄像云台终端获取到风险点位异常的视频信息，通过智能算法，识别试验设备接地线脱落、试验人员操作设备未站在绝缘垫上、试验结束后未进行放电操作等典型作业风险，并发出告警。系统监测到上述风险点后，系统自动记录风险过程照片并报警提示，如图 6-30 所示。

图 6-30　作业安全风险告警提示

后　记

作者针对作业场景安全风险智能化防控的需求，采用跨源点云、语义分割、多维信息融合等技术建立动态目标的三维模型；利用多种传感器、物联网、视频图像、无线定位等技术，构建基于多维信息融合的电力作业目标位置与姿态感知方案，实现对电力作业目标的实时态势感知；构建危险态势预测模型，运用智能识别技术，实现作业目标的预警与危险态势的预测，为安全管控提供辅助决策。在本书中，作者主要对以下内容进行了介绍与论述：

（1）介绍作业危险感知与智能风险管控的基础理论，详细分析了作业现场与班组的危险要素感知技术；分析了作业现场各类危险要素的量化技术，构建了基于事件概率、粗糙集、多元联系数等技术的电力作业现场危险要素量化技术，并构建了电力作业危险管控方案。

（2）利用多维传感器技术，建立基于 UWB、惯性传感器、机器视觉的目标定位方案，实现对运动目标的实时定位与姿态识别，并将识别的目标信息在三维模型中进行精细化的重构与呈现，实现电力作业现场的实时监测。

（3）研究了基于多维信息融合的作业现场风险评估与预警技术，运用智能信息感知技术、多维信息融合技术与智能信息处理技术，制订风险评估规则和危险态势表达方法，构建基于指数平滑与多元联系数技术的作业风险预测模型，为电力安全作业管控提供准确的决策辅助。

（4）完成电力作业现场危险态势感知与智能风险管控软件系统研制。针对高压检测实验室、变电站检修等典型作业应用场景，设计了多维信息融合的作业安全防控系统逻辑架构；分析 3D 模型与视频的融合方式，以及渲染技术，介绍精细化实景 3D 模型技术；开发包括推演仿真、实景监控等工程的作业安全管控系统，为基于数字孪生技术开展作业现场精准安全风险管控奠定了良好的研究基础。

（5）作者参与了电力作业现场危险态势感知与智能风险管控软件的开发工作。开发的软件已经在 220kV 变电站投入使用，极大缩短了人工勘查的时间并且降低了成本。该系统可兼顾设备巡视、风险识别、智能预警、安全监督、仿真培训等功能，实现对现场作业的实时监视、智能预警和远程监督检查，不但提高了作业人员的安全意识，而且降低生产成本、提高效率、节省投资。

参 考 文 献

［1］ Cai D, Huang Q, Li J, et al. A practical preset position calibration technique for unattended smart substation security improvement ［C］. 2017 IEEE Power & Energy Society General Meeting, 2017: 1 – 5.

［2］ 常政威，谢晓娜. 电网视频监控系统检测平台开发及应用［M］. 柏林：金琅学术出版社，2018.

［3］ 常政威，谢晓娜. 变电站智能辅助控制系统检测平台开发及应用［M］. 哈尔滨：哈尔滨工业大学出版社，2018.

［4］ Chang Z W, Xie X N. Intelligent Three-dimensional Layout Design of Video Cameras in Substations ［C］. Proceedings of the 6th International Conference on Electronic, 2016: 1113 – 1117.

［5］ 国家电网公司. 电网三维建模通用规则：Q/GDW 1975—2013［S］. 2013.

［6］ 杜勇，陈钊，刘锋，等. 变电站现场作业与风险管控的三维实景推演仿真［J］. 华侨大学学报（自然科学版），2017，38（02）：236 – 240.

［7］ 彭凤婷. 全景视频图像融合与拼接算法研究［D］. 成都：电子科技大学，2017.

［8］ 王亚. 基于双目视觉的车辆前方运动目标检测与测距技术研究［D］. 天津：天津理工大学，2019.

［9］ 李猷民，王振河，庄杰，等. 变电站作业安全管控系统综述［J］. 电工技术，2015，8：74 – 77.

［10］ 衡思坤，张自伟，周光宇，等. 变电站作业安全管控系统研究［J］. 江苏电机工程，2016，35（2）：31 – 33, 38.

［11］ 黄初指，李铭剑，陈斌. 电力小型作业现场安全监控方法［J］. 电工技术，2016，3：68 – 69.

［12］ J. Yang, H. Li, D. Campbell, et al. Go-ICP: A globally optimal solution to 3D ICP point-set registration ［J］. IEEE transactions on pattern analysis and machine intelligence, 2016, 38(11): 2241 – 2254.

［13］ X. Huang, J. Zhang, L. Fan, et al. A systematic approach for cross-source point cloud registration by preserving macro and micro structures ［J］. IEEE transactions on image processing, 2017, 26(7): 3261 – 3276.

［14］ J. Ma, J. Zhao, J. Tian, et al. Robust estimation of nonrigid transformation for point set registration ［C］. Computer Vision and Pattern Recognition (CVPR), 2013: 2147 – 2154.

［15］ M. Torki, A. Elgammal. Putting local features on a manifold ［C］. Computer Vision and Pattern Recognition (CVPR), 2010: 1743 – 1750.

［16］ Y. Deng, A. Rangarajan, S. Eisenschenk, et al. A riemannian framework for matching point clouds represented by the schrodinger distance transform ［C］. Computer Vision and Pattern Recognition (CVPR), 2014: 3756 – 3761.

［17］ B. Jian, B. C. Vemuri. Robust point set registration using Gaussian mixture models ［J］. IEEE transactions on pattern analysis and machine intelligence, 2011, 33(8): 1633 – 1645.

［18］ A. Myronenko, X. Song. Point set registration: Coherent point drift ［J］. IEEE transactions on pattern analysis and machine intelligence, 2010, 32(12): 2262 – 2275.

［19］ G. D. Evangelidis, D. Kounades-Bastian, R. Horaud, et al. A generative model for the joint registration of multiple point sets ［C］. European conference on computer vision (ECCV), 2014: 109 – 122.

［20］ J. Redmon, A. Farhadi. YOLOv3: An Incremental Improvement ［J］. CoRR, 2018: 1804.

［21］ E. Gabriel. Automatic Multi-Scale and Multi-Object Pedestrian and Car Detection in Digital Images Based on the Discriminative Generalized Hough Transform and Deep Convolutional Neural Networks ［D］. Christian-Albrechts Universität Kiel, 2019.

［22］ H. Xie, Y. Chen, H. Shin. Context-aware pedestrian detection especially for small-sized instances with Deconvolution Integrated Faster RCNN ［J］. Applied Intelligence, 2019, 49(3): 1200 – 1211.

［23］ K. Fu, T. Zhang, Y. Zhang, et al. Meta-SSD: Towards Fast Adaptation for Few-Shot Object Detection With Meta-Learning ［J］. IEEE Access, 2019: 77597 – 77606.

［24］ L. Han, X. Li, Y. Dong. Convolutional Edge Constraint-Based U-Net for Salient Object Detection ［J］. IEEE Access, 2019, 7: 48890 – 48900.

［25］ D. Gordon, A. Farhadi, D. Fox. Real-Time Recurrent Regression Networks for Visual Tracking of Generic Objects ［J］. IEEE Robotics and Automation Letters, 2018, 3(2): 788 – 795.

［26］ X. Jiang, J. Sun, H. Ding, et al. A silhouette based novel algorithm for object detection and tracking using information fusion of video frames ［J］. Cluster Computing, 2019, 22(1): 391 – 398.

［27］ F. Bi, M. Lei, Y. Wang, et al. Remote Sensing Target Tracking in UAV Aerial Video Based on Saliency Enhanced MDnet［J］. IEEE Access, 2019, 7: 76731－76740.

［28］ S. Duffner. Weakly Supervised and On-line Machine Learning for Object Tracking and Recognition in Images and Videos［J］. 2020. DOI: 10. 48550/arXiv. 2012. 14345.

［29］ L. Chen, Peng X, Ren M. Recurrent Metric Networks and Batch Multiple Hypothesis for Multi-Object Tracking［J］. IEEE Access, 2018, 7: 3093－3105.

［30］ 常政威, 叶有名, 谢晓娜, 等. 一种用于简单监控对象的摄像机空间覆盖面积获取方法：CN104680540A［P］. 2015－03－13.

［31］ 常政威, 甄威, 黄琦, 等. 一种摄像机预置位同步系统及方法：CN103763527A［P］. 2014－01－16.

［32］ 曾大军, 曹志冬. 突发事件态势感知与决策支持的大数据解决方案［J］. 中国应急管理, 2013（11）: 15－23.

［33］ 陈珑凯. 基于物联网的化工园区事故态势感知研究［D］. 广州: 华南理工大学, 2015.

［34］ Liu Y, Zhang Y. A Weighted Evidence Combination Method for Multisensor Data Fusion［J］. Journal of Internet Technology, 2022(3): 23.

［35］ Dasarathy B. Decision Fusion［J］. Washington: IEEE Computer Society Press, 1994.

［36］ Bedworth M, O Brien J. The O mnibus Model: A New Model of Data Fusion［J］. Proceedings of IEEE AES Systems Magazine, 2000: 30－36.

［37］ W. E Spangler. The Role of Artificial Intelligence in Understanding the Strategic Decision-making Process［J］. IEEE Trans on Knowledge and Data Engineering, 1991, 3(2): 149－159.

［38］ C. D. Byrns, J. A. Miles, W. L. Lakin. Towards Knowledge-based Naval Command Systems. The 3rd International Conference on Command［C］. Control, Communications and Management Information Systems, 1989: 3342－3350.

［39］ D. Ballard, L. Rippy. A Knowledge-Based Decision Aid for Enhanced Situation Awareness［J］. IEEE/AIAA Digital Avionics Conference, 1994: 340－347.

［40］ W. Zhang, R. W. Hill. A Template-Based and Pattern-Driven Application toSituation Awareness and Assessment in Virtual Humans［J］. Proceedings Of the 4th International Conference on Autonomous Agents, Barcelona, Spain, 2000.

［41］ E. Waltz, J. Llinas. Multisensor Data Fusion［M］. Boston, MA: Artech House, 1990.

［42］ A zarewicz, G. Fala, C. Heithecher. Template-Based Multi-Agent Plan Recognition for Tactical Situation Assessment［C］. In Proceedings of 5th conference on Artificial

Intelligence Applications, 1999: 247－254.

［43］ R. L. Caning. Naval Situation Assessment Using a Real-time Knowledge-Based System［J］. Naval Engineering Journal, 1999, 111(3): 173－187.

［44］ 袁泉. 车联网群智感知与服务关键技术研究［D］. 北京：北京邮电大学，2018.

［45］ 訾冰洁. 无线传感器网络信任管理研究［D］. 大连：大连理工大学，2010.

［46］ 张量. 基于数据无线传输的东城水库坝体监测系统的研究与应用［D］. 大庆：东北石油大学，2011.

［47］ Ma S, Li J, Wu Y, et al. A novel multi-information decision fusion based on improved random forests in HVCB fault detection application［J］. Measurement Science and Technology, 2022, 33(5): 055115(12pp).

［48］ Di LIU, Xiyuan CHEN, Xiao LIU. A novel optimal data fusion algorithm and its application for the integrated navigation system of missile［J］. Chinese Journal of Aeronautics, 2022, 35(05): 53－68.

［49］ Saba D, Sahli Y, Hadidi A. The Role of Artificial Intelligence in Company's Decision Making［M］. 2021.

［50］ Thobias T, Rathinam A, Saravanan B, et al. Data-Driven Power System Stability Analysis for Enhanced Situational Awareness［J］. 2021.

［51］ Spandonidis C, Giannopoulos F, Petsa A, et al. A Data-Driven Situational Awareness System for Enhanced Air Cargo Operations Emergency Control［J］. Smart Cities, 2021, 4: 1087－1103.

［52］ Tsanousa Athina, Bektsis Evangelos, Kyriakopoulos Constantine, et al. A Review of Multisensor Data Fusion Solutions in Smart Manufacturing: Systems and Trends［J］. Sensors, 2022, 22(5).

［53］ Wei Zhang. Research on Multisensor Data Fusion Algorithm Based on Neural Network［J］. World Scientific Research Journal, 2022, 8(2).

［54］ Fabiano F. Comprehensive Multi-Agent Epistemic Planning［J］. 2021.

［55］ Sun J, Xie Y, Chen L, et al. NeuralRecon: Real-Time Coherent 3D Reconstruction from Monocular Video［J］. 2021.

［56］ 陈俊杰，邓洪高，马谋，等. GCN-GRU：一种无线传感器网络故障检测模型［J/OL］. 西安电子科技大学学报，1－8［2022－05－16］.

［57］ 何柏霖. 基于距离测算的无线传感器网络分簇路由协议优化［J］. 信息技术与信息化，2022（3）：188－191.

［58］ Cardoso Júnior, Moacyr Machado. Integration of FRAM and Social Network Analysis to Analyse Distributed Situational Awareness in Socio-technical Systems ［J］. 2021.

［59］ Thobias T, Rathinam A, Saravanan B, et al. Data-Driven Power System Stability Analysis for Enhanced Situational Awareness ［J］. 2021.

［60］ Bhattarai M. Integrating Deep Learning and Augmented Reality to Enhance Situational Awareness in Firefighting Environments ［J］. 2021

［61］ 王小霞, 刘义博. 变电站智能辅助控制系统实施方案的探讨［J］. 现代工业经济和信息化, 2022, 12（09）: 280－282.

［62］ 周小艳, 何为, 胡国辉. 基于 ZigBee 无线传感器网络的变电站人员定位的改进算法研究［J］. 电力系统保护与控制, 2013, 17（43）: 57－61.

［63］ Kassab A., Liang S., Gao Y. Real-time notification and improved situational awareness in fire emergencies using geospatial-based publish/subscribe ［J］. International Journal of Applied Earth Observation and Geoinformation, 2010, 12(6): 431－438.

［64］ 蒲洪涛. 高危企业生产安全监管态势预警技术的研究与实现［D］. 哈尔滨: 哈尔滨工业大学, 2017.

［65］ 彭理群, 吴超仲, 黄珍. 基于变精度粗糙集的汽车碰撞危险态势评估［J］. 交通运输系统工程与信息, 2013, 13（5）: 120－126.

［66］ 肖峻, 贺琪博, 苏步芸. 基于安全域的智能配电网安全高效运行模式［J］. 电力系统自动化, 2014, 38（19）: 52－60.

［67］ 肖峻, 张宝强, 张苗苗, 等. 配电网安全边界的产生机理［J］. 中国电机工程学报, 2017, 37（20）: 5922－5932.

［68］ 刘佳, 程浩忠, 李思韬, 等. 考虑 N－1 安全约束的分布式电源出力控制可视化方法［J］. 电力系统自动化, 2016, 40（11）: 24－30.

［69］ 张亮, 翟海保, 葛朝强. 电力调控中心安全态势感知系统设计与应用［J］. 信息技术, 2019, 9: 60－64.

［70］ Xie X, Chang Z. Intelligent Wearable Occupational Health Safety Assurance System of Power Operation ［J］. Journal of Medical Systems, 2019, 43(1): 16－22.

［71］ 陶银正. 基于三维全景的电网数字化建设研究与应用思路构建［J］. 安徽电气工程职业技术学院学报, 2021, 26（04）: 82－86.

［72］ 黄剑峰, 丁彦枬. 建模脚本对电网设备模型的优化方案实施研究［J］. 电力与能源, 2021, 42（03）: 296－299.

［73］ 张前, 牛格图, 姜维, 等. 数字电网建设下的电力设施三维建模方法探究［J］. 软件,

2021, 42（05）：128-130.

[74] 李志博. 基于 ZigBee 技术的公共实验室远程监控系统 [J]. 微型电脑应用, 2022, 38 （04）：167-170+174.

[75] 王志华, 陈高锋, 杨章勇. 基于 ZigBee 的实验室火灾检测系统设计 [J/OL]. 海南大学 学报 （自然科学版）, 1-6 [2022-05-16].

[76] Bello-Rivas J M, Georgiou A, Guckenheimer J, et al. Staying the course: Locating equilibria of dynamical systems on Riemannian manifolds defined by point-clouds [J]. 2022.

[77] Capozziello S, Boskoff W G. The Schrdinger Equations and Their Consequences [J]. 2021.

[78] Min Z, Meng Q H. Robust Generalized Point Set Registration using Inhomogeneous Hybrid Mixture Models via Expectation Maximization [C] //2019 International Conference on Robotics and Automation (ICRA). 2019.

[79] Feng X W, Feng D Z, Y Zhu. Fast Coherent Point Drift [J]. 2020.

[80] Liu W, Wu H, Chirikjian G. LSG-CPD: Coherent Point Drift with Local Surface Geometry for Point Cloud Registration [J]. 2021.

[81] Islam Nazrul, Hossain Md. Iqbal, Rahman Anisur. A Comprehensive Analysis of Quality of Service (QoS) in ZigBee Network through Mobile and Fixed Node [J]. Journal of Computer and Communications, 2022, 10(03).

[82] 徐明, 穆国平. 变电站现场作业安全管控系统应用 [J]. 电力设备管理, 2021（02）：99-100.

[83] 吕学宾, 李岩, 李英, 等. 变电站施工作业人员安全管控及评价系统研究 [J]. 电力系 统保护与控制, 2021, 49（04）：21-27.

[84] 冯俊杰, 周鑫, 李沛奇. 智能变电站作业现场安全风险管控技术 [J]. 山西电力, 2020 （06）：33-37.

[85] Ma J, Wu J, Zhao J, et al. Nonrigid Point Set Registration With Robust Transformation Learning Under Manifold Regularization [J]. IEEE Transactions on Neural Networks and Learning Systems, 2018, PP: 1-14.

[86] Yang G, Li R, Liu Y, et al. A robust nonrigid point set registration framework based on global and intrinsic topological constraints [J]. The Visual Computer, 2021(5).

[87] Yang G, R Li, Liu Y, et al. A Unified Framework for Nonrigid Point Set Registration via Coregularized Least Squares [J]. IEEE Access, 2020, PP(99): 1-1.

[88] 李武璟, 谢醉冰, 原博, 等. 一种基于大数据面向智慧电网的态势感知方法 [J]. 微型 电脑应用, 2022, 38（02）：63-69.

［89］ 葛磊蛟，李元良，陈艳波，等. 智能配电网态势感知关键技术及实施效果评价［J］. 高电压技术，2021，47（07）：2269－2280.

［90］ 王文泉. 基于态势感知的信息安全监测预警机制实践研究［J］. 电脑知识与技术，2020，16（31）：76－77. DOI：10.14004/j. cnki. ckt. 2020. 3579.

［91］ Y Yu, Liu X, Xu C, et al. Multi-sensor data fusion algorithm based on the improved weighting factor［J］. Journal of Physics: Conference Series, 2021, 1754(1): 012227(6pp).

［92］ Kumar K K, Ramaraj E, Geetha P. Multi-sensor data fusion for an efficient object tracking in Internet of Things (IoT)［J］. Applied Nanoscience, 2021: 1－11.

［93］ 黄金魁. 智能化移动设备应用在变电运检作业中的技术研究［J］. 新型工业化，2019，9（12）：40－44.

［94］ 查国清，徐亚妮，秦夷飞. 高校实验室安全管理体系存在的问题及对策建议［J］. 实验技术与管理，2020，37（10）：271－277.

［95］ 吴晓利，周博，徐志刚，等. 电力行业现场实操培训安全管理的作用［J］. 大众标准化，2020（13）：204－205.

［96］ 王鸿，邓元实，常政威，等. 基于深度学习的电力作业人员行为识别技术［J］. 四川电力技术，2022，45（03）：23－28.

［97］ 李越茂，姚枫，宋佩珂. 人工智能技术在电力行业的应用现状和发展趋势初探［J］. 电力勘测设计，2022，2（02）：59－64.

［98］ Xie R, Yin J, Han J. DyGA: A Hardware-Efficient Accelerator With Traffic-Aware Dynamic Scheduling for Graph Convolutional Networks［J］. IEEE Transactions on Circuits and Systems I: Regular Papers, 2021, 68(12): 5095－5107.

［99］ Cheng K, Zhang Y, He X, et al. Skeleton-based action recognition with shift graph convolutional network［C］//Proceedings of the IEEE/CVF Conference on Computer Vision and Pattern Recognition. Seattle: IEEE, 2020: 183－192.

［100］ 高阳，朱坤双，黄海静，等. 我国电力作业安全管理体系构建及分析研究［J］. 武汉理工大学学报（信息与管理工程版），2022，44（06）：894－898.

［101］ 张劲松，陈明举，邓元实，等. 融合注意力机制的 R-YOLOV5 电力检修车机械臂识别网络［J］. 无线电工程 2023，53（03）：619－627.

［102］ 尹康涌，梁伟，杨吉斌，等. 电力作业场景中一种高效的 UWB 和 IMU 融合定位算法［J］. 中国电力，2021，54（08）：83－90.

［103］ 王鸿，陈明举，熊兴中，等. 基于 OpenPose 与 AT-STGCN 的电力作业人员行为识别技术［J］. 四川轻化工大学学报（自然科学版），2023，36（04）：61－70.

［104］ 张劲松，邓元实，常政威，等. 基于旋转 YOLOv5 的电力作业车态势感知方法研究［J］. 四川电力技术，2022，45（03）：29－34.

［105］ 罗敬轩. UWB 测距误差补偿与定位方法研究［D］. 徐州：中国矿业大学，2021.

［106］ Yi J, Wu P, Liu B, et al. Oriented object detection in aerial images with box boundary-aware vectors［C］//Proceedings of the IEEE/CVF Winter Conference on Applications of Computer Vision. 2021: 2150－2159.

［107］ Li W, Chen Y, Hu K, et al. Oriented reppoints for aerial object detection［C］//Proceedings of the IEEE/CVF Conference on Computer Vision and Pattern Recognition. 2022: 1829－1838.

［108］ Yang X, Yang X, Yang J, et al. Learning high-precision bounding box for rotated object detection via kullback-leibler divergence［J］. Advances in Neural Information Processing Systems, 2021, 34: 18381－18394.

［109］ 高广尚. 深度学习推荐模型中的注意力机制研究综述［J］. 计算机工程与应用，2022，58（09）：9－18.

［110］ 许婷婷. 基于 NLP 的医疗知识图谱构建及智能问诊平台应用［D］. 南昌：东华理工大学，2022.

［111］ 鞠默然，罗海波，刘广琦，等. 采用空间注意力机制的红外弱小目标检测网络［J］. 光学精密工程，2021，29（04）：843－853.

特高压工程
数字化建设
创新与实践

国家电网有限公司特高压建设分公司　编著

中国电力出版社
CHINA ELECTRIC POWER PRESS